ポイント解説
半導体真空技術

宇津木 勝 [著]

東京電機大学出版局

本書は2007年の初版発行以来，㈱工業調査会から刊行され，幸いにも長きにわたって多くの読者から愛用されてきました。このたび東京電機大学出版局から新たに刊行されることとなりました。本書が今後とも，読者の役に立つことを願っています。

2011年5月　　　　　　　　　　　　　　　　　　　　　　　　　　著者

はじめに

　真空はあらゆる産業を支える基礎技術の一つです。応用範囲は広く，食品産業から宇宙産業に至るまでその恩恵に与っていますが，半導体産業もその一つです。
　筆者は数年前から半導体技術者や関連分野の方々に技術教育とコンサルタントを行っています。真空技術もその一つですが，よく相談を受けるのは，半導体用に書かれた適当な本やマニュアルがないため勉強できないというものです。また，現場の若いエンジニアの方々や指導する立場の方々からも，半導体に特化した教本を求める声がたびたび聞かれます。市販されている真空の本は多数ありますが，一般的な解説のものであったり，極端に理論的であったりします。取っ付きにくいのでしょうか，多くは本棚の隅で眠る運命になります。
　真空関係の教育で感じることは，ある程度の知識と論理的思考でエンジニアのもつ能力が飛躍的に伸びるという特徴が見られます。少しの教育やトレーニングによってある日から仕事内容がガラッと変わるという，教育に携わる者としては喜ばしい分野です。半導体産業は応用する技術が電気，電子工学，物理，化学など多肢にわたり，特に装置に関わるエンジニアは一人前になるまでにかなりの年数を要します。何も知らずにこの業界に入り，先輩の見よう見まねでやってきた方々も多くおられます。また常に忙しい業界でもあり，教育時間が取れないジレンマも確かにあります。私にも経験がありますが，ほんの少しの知識があれば堂々巡りすることなく，すぐに解決できていたという問題も多いと思います。確かに真空には経験も大切で，ベテランのエンジニアはトラブルシュートも早いものです。しかしまったく新しいものに対応する時，この経験が災いすることがたびたびあります。理論に裏打ちされない経験はかえって危険である場合もあります。

はじめに

　本書は半導体生産にはじめて携わる装置エンジニア，プロセスエンジニアのために書いたものですが，ベテランの方々にも今一度真空技術を見直していただけるものと思います。また半導体産業に関わる装置メーカーやその他サプライヤーの方々の教本としても良いかも知れません。

　真空技術は実用学問であり，現場でどんどん使ってもらわなくてはなりません。もちろん技術なのでバックにはきちんとした理論体系がなくてはなりませんが，それらは一般に難解で取っ付きにくいものです。本書では理論的バックボーンをなるべく崩さず，やさしく解説するようにしています。用語の語源や由来の説明，計算ではその過程も示しています。順を追って見ていくとよく理解できると考えています。

　後半の応用編では，真空を応用した各種プロセスを解説しています。お客様を訪問すると，装置エンジニアは装置のみ，プロセスエンジニアはプロセスのみしかカバーできず，グレーゾーンのトラブルは解決されないままズルズルと時間が過ぎていく，というような悩みを聞きます。生産工場ではまずい状況です。装置エンジニアはプロセスを，プロセスエンジニアは装置をもっと知るべきでしょう。このような目的で応用編の解説をしています。ここでもできるだけわかりやすく解説しており，部分によっては学問的に正しくないとお叱りを受けるかも知れません。しかし，技術ではまず理解することが重要であると考えています。理論に裏打ちされた経験はエンジニアの，そして会社の財産となり，新しい技術を創造していく力となることでしょう。

　本書ではできるだけ数式を使わず，かつ論理的，体系的に半導体に関わる真空技術を解説しています。しかしページ数の都合などで割愛した部分もあり，十分とは言えませんが，一人でも多くのエンジニアの方が本書を利用され，現場に生かされることを願ってやみません。

2007 年 1 月

著者

目 次

はじめに ……………………………………………………………………… 1

I 基礎編

第1章　半導体製造装置と真空 ………………………………… 11

1　装置システム構成 ……………………………………………… 11
　枚葉式とバッチ式　11／装置構成　12／プロセスチャンバ周辺機器　14
2　なぜ真空が使われるのか ……………………………………… 16
3　半導体での真空応用例 ………………………………………… 18
　エッチング　18／CVD　19／PVD　20／サーマルプロセス　21／インプランテーション　23

第2章　真空の理論と計算 ……………………………………… 25

1　まずはトリチェリの実験から ………………………………… 25
2　単位の話——Pa と Torr, mbar ……………………………… 26
3　真空理論の初歩 ………………………………………………… 27
　真空度　27／平均自由行程　29／粘性流，中間流，分子流　30／PD 値　31／流れと装置デザイン　33／乱流　35
4　真空の計算——P, S, Q ……………………………………… 36
　真空計算の基礎　36／真空の計算例　39

第 3 章　真空ポンプとその使い方 …… 51

1　真空ポンプとは …… 51
2　各種ポンプの原理と構造 …… 53
　オイルロータリーポンプ　53／メカニカルブースターポンプ　56／ウェットポンプとドライポンプ　59／ターボ分子ポンプ　62／クライオポンプ　66／ディフュージョンポンプ（拡散ポンプ）　75／スパッタイオンポンプ　77／バッキングポンプ　78

第 4 章　真空ゲージとその使い方 …… 81

1　真空ゲージとは …… 81
2　各種真空ゲージの原理と構造 …… 84
　マノメータ　84／ガスレギュレータ　84／熱伝導ゲージ　86／キャパシタンスマノメータ　89／複合ゲージ　90／イオンゲージ　91／ペニングゲージ　94
3　使用上の注意 …… 95

第 5 章　ガスシステム・真空部品とその使い方 …… 99

1　真空シール，ガスケット，O-Ring …… 99
　O-Ring　100／テフロンテープ　103
2　フランジ・配管 …… 106
　KF フィッティング　106／真空フランジ　108／コンフラットフランジ　108
3　運動伝達部品 …… 112
　ディファレンシャルシール　112／ベローズ　113／磁気シール　114
4　バルブ・圧力調整機 …… 116

バルブ　116／フォアラインバルブ　117／エアオペバルブ　118／ニードルバルブ
　　　119
5　マスフローコントローラ ··· 120
　　　マスフローコントローラの仕組み　120／コンバージョンファクタとガス　123／
　　　高分子ガスの扱い　126
6　配管継手類 ··· 128
　　　VCR　129／VCO　131
7　フィルタ ··· 132
8　フィードスルー ·· 133

第6章　リーク探し ·· 135

1　リークの検出 ··· 135
2　ヘリウムリークディテクタの原理と使用法 ··· 137
　　　ヘリウムリークディテクタとは　137／リーク探しのこつ　139
3　その他のリークチェック法 ·· 142

第7章　真空装置の取り扱い ·· 145

II　応用編

第8章　サーマル装置とプロセス ·· 151

1　熱酸化膜成長 ··· 151
　　　酸化膜の成長　151／熱酸化膜の特徴　152

2 アニールと不純物活性化 ································· 152
　　事例　152／2つの目的　155／金属汚染　156
3 低温化の問題 ·· 157

第9章　プラズマ装置とプロセス ···················· 159

1 プラズマ放電 ·· 159
　　放電現象の利用　159／グロー放電　162
2 プラズマ応用装置のカップリングによる分類 ········ 162
3 ECR ·· 164
4 シース ··· 166

第10章　PVD装置とプロセス ······················· 169

1 PVD装置の働き ····································· 169
2 クラスターツール ···································· 170
3 PVDプロセス ·· 171
4 PVD薄膜構造 ······································· 174
5 薄膜の評価 ··· 175
　　ステップカバレッジ　175／高温アルミ技術　178／配線の信頼性　179

第11章　CVD装置とプロセス ······················· 181

1 CVDとは ··· 181
2 プラズマCVD ·· 182
3 薄膜の評価 ··· 183
4 HDP CVD ·· 185

第12章 エッチング装置とプロセス ……………………… 187

1 エッチング装置の働き …………………………………… 187
2 エッチングガス …………………………………………… 189
3 エッチング作用の種類 …………………………………… 191
4 形状制御 …………………………………………………… 193
5 問題点 ……………………………………………………… 194

第13章 インプランテーション装置とプロセス ……………… 199

1 インプランテーション装置の働き ……………………… 199
2 イオンの選択 ……………………………………………… 200
3 イオンの打ち込み ………………………………………… 201
　　金属汚染　203
4 熱工程 ……………………………………………………… 204
5 インプランテーション装置の種類 ……………………… 206
6 問題点 ……………………………………………………… 207

第14章 プロセス管理・検査測定装置 ……………………… 209

1 パーティクルインサイチューモニタ …………………… 209
2 RGA ……………………………………………………… 210

参考文献 ………………………………………………………… 213

索引 ……………………………………………………………… 215

I
基 礎 編

第1章

半導体製造装置と真空

1 装置システム構成

毎葉式とバッチ式

　半導体製造装置のおよそ6割は真空装置です。多くの装置メーカーはクラスターツールと呼ばれるデザイン（**図1.1**）を採用しています。クラスターとはもともと葡萄の房のことで，ロボットアームが格納された真空チャンバのまわりにプロセスチャンバが取り付けられた格好になっていることから，こう呼ばれています。プロセスチャンバはウエハを1枚ずつ処理するので，毎葉式と呼ばれています。複数のチャンバで同時に処理できるためスループットが上がるメリットがあります。また，複数のチャンバを利用してプロセスをシーケンシャルに行えるので，別のコンディションでウエハを処理できます。
　CVDやPVDでは質の異なる膜をデポジションでき，エッチングでは条件を変えて多層膜を処理できます。プロセスの組み換えも自由度が高く，PVDとCVDを組み合わせたりと，研究開発仕様などにも向いています。中古機市場では，チャンバのみを組み換えれば他のプロセスへの対応も期待できます。

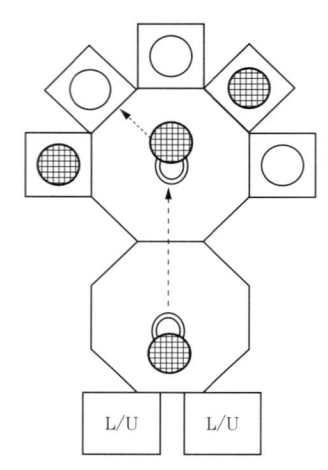

図1.1 クラスターツールデザイン

　一方，一度に多数のウエハを処理するバッジ式と呼ばれる装置もスループットの面で魅力的です。熱 CVD などは一気に膜をデポジションできるので，多く使われています。プロセス的にはこなれたものが多く，安定しています。しかしウエハの大口径化に伴い，均一性の確保が困難になり，装置自体も大型化する必要があるので，300 mm の次の世代では毎葉式になるかも知れません。システム LSI に代表されるように今は多品種少量生産が主であり，ウエハ1枚1枚のプロセスをモニタしながら工程を管理する時代です。プロセス異常をいち早くキャッチし，対処しなくてはなりません。これがインラインモニタの考え方です。装置のほうも SEMI 規格でいろいろな情報を上げる機能が付いています。クラスターツールは時代の要請でできたデザインと言えます。

装置構成

　図1.2 はプロセスチャンバを中心としたシステムの概要です。カセットロードロック室がチャンバに接続されています。ロードロックとは真空予備室のこ

1. 装置システム構成

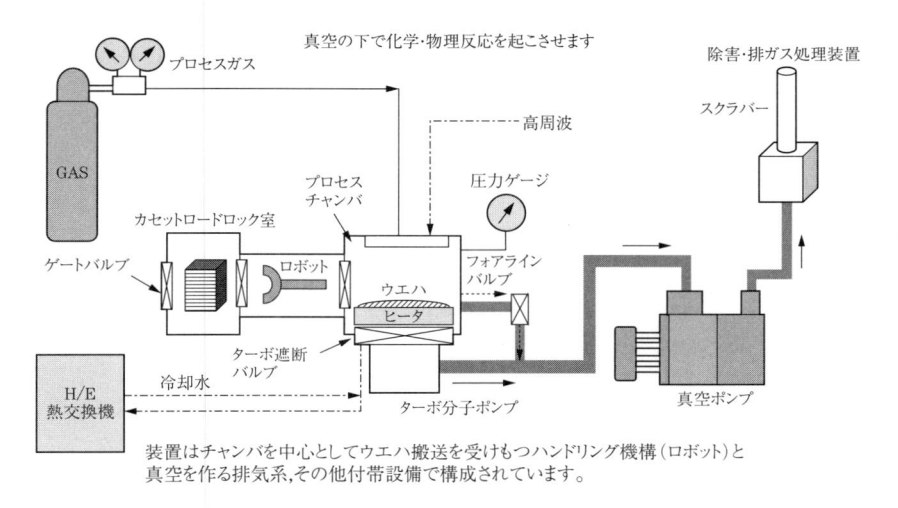

図1.2　真空から見た装置構成

とで，大気中のガス分子やゴミ（半導体分野ではパーティクルと呼んでいます），水蒸気などの汚染物質をプロセスチャンバに入れないためのものです。カセットにはウエハが格納されていて，セットすると入り口のゲートを閉めて排気します。真空度がある一定値に達すると次のゲートバルブが開き，格納された真空チャンバ（仮にトランスファチャンバと呼ぶ）にロボットアームで搬送されます。

　プロセスチャンバ入り口にもゲートバルブがあり，ここからチャンバ内にウエハを入れます。チャンバ構成は装置によって異なりますが，おおむねペディスタル（台座のことで電極のこともあります）にウエハを置いてプロセスを行います。ペディスタルはヒータで加熱したり温水，冷却水などを循環させ，プロセス中の温度をコントロールします。

　プロセスチャンバの多くはターボ分子ポンプにて排気されます。ターボ分子ポンプは大気から排気できないので，チャンバには排気用のバイパスが付けら

れています。それをフォアラインと言います。はじめにフォアラインを介してチャンバを排気し、真空度が上がったところでターボ遮断バルブを開けて一気に高真空にもっていきます。

排気の最終点は荒引きポンプが受け持ち、排ガス処理装置で除害して、大気に放散させます。その装置をスクラバーと言い、水で洗浄して除害するものや、活性炭などの吸着剤に吸着させて除害するもの、燃焼スクラバーといって燃やして除害するものなどがあります。

プロセスガスが専用ラインでチャンバに導入され、反応が始まります。反応させるために真空にしているわけですが、エネルギーの形としては、熱によるもの、高周波などによるものがほとんどです。図では省略していますが、カセットロードロック室とロボットの納められているトランスファチャンバにも専用の真空ポンプと付帯設備が付きます。クラスターツール仕様では、ポンプの数はチャンバ数とともに増加するので、1システムあたりのポンプの数が10台以上になる場合もあります。

プロセスチャンバ周辺機器

実際のプロセスチャンバ周辺は込み入っていて複雑です（図1.3）。いろいろなバルブやコントロール部品が取り付けられています。現在の装置は人間が介さなくても自動で相当のことができるようになっていますが、その分機構は複雑で、安全にも配慮した構造になっています。

プロセスガスはいくつかのバルブを経てチャンバへ導入されます。半導体生産では極度に汚染やパーティクルを嫌います。配管材料は内部がコーティングされていたり、電解研磨仕様のものなどがあります。プロセスガスのコントロールはマスフローコントローラというもので行い、制御性よくチャンバへ導入されます。フィルタもライン中いくつかの箇所で用いられ、パーティクルを除去します。

チャンバ圧力のモニタにはさまざまな真空ゲージが取り付けられています。

1. 装置システム構成　15

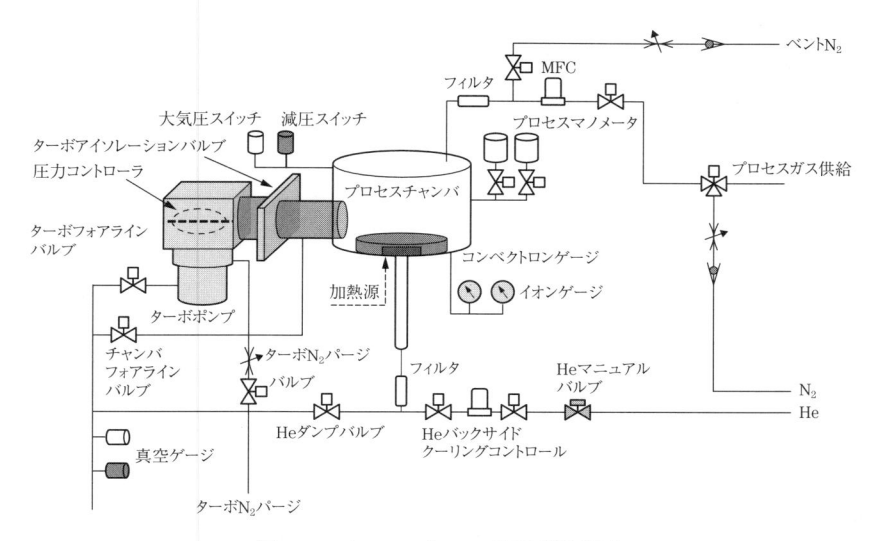

図1.3　プロセスチャンバ周辺機器構成

　プロセス用としてはキャパシタンスマノメータで圧力を計測し，制御します。MKS社のバラトロンが有名ですが，他社でも販売されています。圧力をダイヤフラムという薄い板でとらえて変形させ，電極間の容量変化で計測するもので，ガスの種類によらず正しく圧力を示すので，プロセス圧力の計測と制御に使われます。チャンバに2個は付いていて，低圧側，高圧側の制御で使い分けるのが一般的です。他の真空ゲージとしては，ピラニーやコンベクトロンがモニタ用として，イオンゲージ（電離真空ゲージ）が高真空のベース圧力モニタとしてセットされています。

　また，大気圧スイッチはチャンバが大気圧に戻ったことを検出するためのもので，安全のためのインターロックなどに用いられます。たとえばチャンバ大気開放中はガスを流さない，などです。減圧スイッチはチャンバが減圧中であることを検出します。やはりインターロックですが，ポンプの切替信号などにも利用します。たとえば，荒引きポンプでの排気からターボ分子ポンプに切り

替えるような場合です。荒引きポンプにつながるフォアラインと呼ばれる配管にも圧力をモニタするゲージがあります。フォアラインの状態を見てターボ分子ポンプに切り替えたり，真空異常の検出にも使います。

　図中のヘリウムバックサイドクーリングコントロールは通称ヘリウムチャックというもので，ウエハ裏面へヘリウムを導入してウエハとの間に一定の圧力を保ちます。ヘリウムは熱伝導度がとても良いので，ウエハの置かれるペディスタルと効率よく熱交換ができます。これによりプロセス中に発生する熱の制御が可能となり，プロセスマージンが増加します。プロセス中に発生する熱は化学反応を左右するので，制御が重要です。プロセス終了にはウエハ裏面のヘリウムを抜かなくてはならないので，ヘリウムダンプラインがあります。これがないとウエハがヘリウムの圧力で飛び跳ねてしまいます。

2 なぜ真空が使われるのか

　それではなぜ真空が使われるのでしょうか。もちろん半導体以外でも真空はたくさん使われています。身のまわりを見渡しても，真空の恩恵に与っているものは枚挙にいとまがありません。

　半導体に限って言えば，パーティクルなどの固形物のゴミ，数々の汚染物質の影響，水蒸気や空気の存在は，微細な加工を必要とするプロセスでは邪魔者です。サブミクロンをきる微細なパターンでは，人間の出すホコリは巨大な岩のようです。ちなみに砂は $100\mu m$ 程度，髪の毛は $50\sim120\mu m$，花粉やダストは $5\sim50\mu m$，赤血球は $7.5\mu m$，バクテリアで $0.2\sim10\mu m$ の大きさです。いかに通常の環境が半導体プロセスにとって危険かが想像できそうです。

　汚染源も環境中にはたくさんあります。ナトリウム（イオン）は可動イオンの代表格で，シリコン結晶中を動きまわって MOS トランジスタなどの特性を悪くします。人間の汗や息からも出ています。オイルに代表される有機物や金

属なども，シリコンには大敵です。シリコンはもともと土や岩石の形で存在していて地球には馴染みの物質ですが，人間が仕上げて 99.999…… と 9 が 11 個も付く超高純度品です。よって不安定であり，すぐに何かと結合して安定になろうとします。有機物，無機物，金属とも結合していろいろな欠陥を引き起こしてしまいますが，真空中で製造することでパーティクルや汚染物質を避けることができます。

　PVD はスパッタとも呼ばれますが，半導体生産装置の中で最も高真空を必要とします。ベース圧力は 10^{-7} Pa（10^{-9} Torr）台です。金属膜の質に真空が強く影響するためです。インプランテーション装置も残留ガスによってさまざまなイオンができてしまうので，それらがシリコン中に打ち込まれてしまうかもしれません。これをエネルギーコンタミネーション（エネルギーの汚染）と言います。こちらのベース圧力は 10^{-5} Pa（10^{-7} Torr）台です。

　プラズマエッチング装置とプラズマ CVD 装置は，グロー放電を利用してガスを分解し，活性な物質を作り出してウエハ上の膜を削ったり，成膜させたりします。通常，化学反応を起こさせるには強い熱や運動エネルギーが必要ですが，プラズマ放電を利用すると簡単に化学反応を起こし，低いエネルギーでガスを分解できます。特に低温でプロセスを行わなくてはならない所にはプラズマ放電が使われますが，1 気圧の下では容易に放電しません。減圧すると低い電圧でプラズマ放電が始まるので，真空にしています。また，プラズマ放電によって作られたものがウエハ上の膜と反応してさまざまな物質が作り出されますが，これらを一括総称して副生成物（バイプロダクツ）と呼んでいます。これらはウエハ上に残るとまずいので，真空にして蒸発しやすいようにして取り除きます。

　CVD でも成膜中にはいろいろな副生成物ができます。これらも必要のないものは蒸発させて取り除くので，真空にしています。CVD はヒータなどの加熱源がペディスタルに組み込まれていて，加熱しながらデポジションさせ膜質を決定しています。加熱することで副生成物を取り除く効果もあります。

半導体ではサーマルプロセスといって加熱工程が多くありますが，ほとんどは真空装置で減圧して行います。空気中に存在する酸素や水蒸気，その他の成分がウエハに作用し，質の悪い膜になったりします。減圧下にて純度の高いガス雰囲気中で加熱すれば，そういった心配がありません。加熱プロセスの多くは FEOL（Front End of Line），前工程と呼ばれる，シリコン中にトランジスタに代表される素子を作り込む工程にあります。前にも述べましたが，シリコンは非常にデリケートな物質であり，汚染されやすいものです。汚染されるとデバイスとして機能しなくなります。加熱工程で使用されるファーネスと呼ぶ炉は，空気などの混入を抑えるようにデザインされています。また，炉自体も汚染物質を出さないように純度の高い石英や SiC を使用して作られています。

3 半導体での真空応用例

エッチング

エッチング装置を**図 1.4** に示します。減圧下で反応性ガスを導入し，放電に

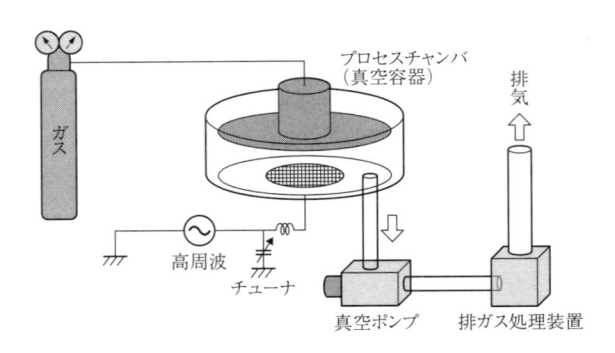

図 1.4　エッチング装置

3. 半導体での真空応用例

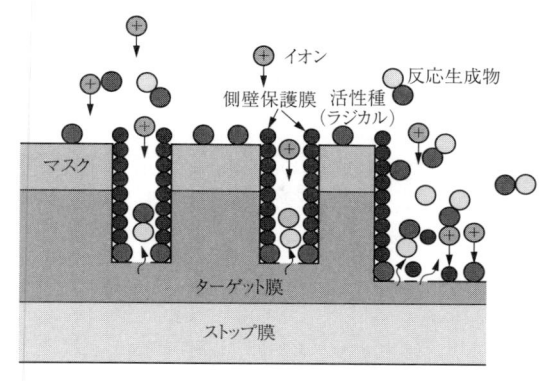

図1.5 エッチングのイメージ

より発生した活性種（ラジカル）と膜が反応し，ガス化して排気されることでエッチングが行われます（**図1.5**）。エッチングする対象膜とガスの組み合わせはほぼ決まっています。プロセスを行わない時のベース圧力は10^{-2}Pa（10^{-4}Torr）台が一般的です。この時反応生成物が気化しやすいように減圧しています。また放電は減圧下で行う必要があります。詳しいメカニズムなどは第12章で述べます。簡単なものはオイルロータリーポンプ，ドライポンプとメカニカルブースターポンプの組み合わせで排気されます。大排気量が必要なプロセスではターボ分子ポンプも使用されます。

CVD

チャンバにガスを導入し，熱分解，またはプラズマと熱により分解させ，下地の膜との表面反応で成膜させます（**図1.6**）。1気圧下で行われる常圧CVDから数十Pa程度まで減圧して行うLPCVDまで，圧力はさまざまです（**図1.7**）。真空度により膜質が変化するので，真空度の管理は重要です。

パーティクルは空気中の水蒸気を核として成長すると言われ，パーティクル対策からも真空度の管理は重要です。ベース圧力は10^{-2}～10^{-3}Pa（10^{-4}～10^{-5}

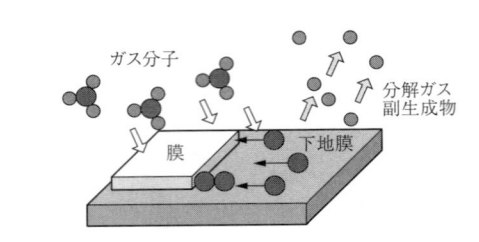

図 1.6　CVD デポジション

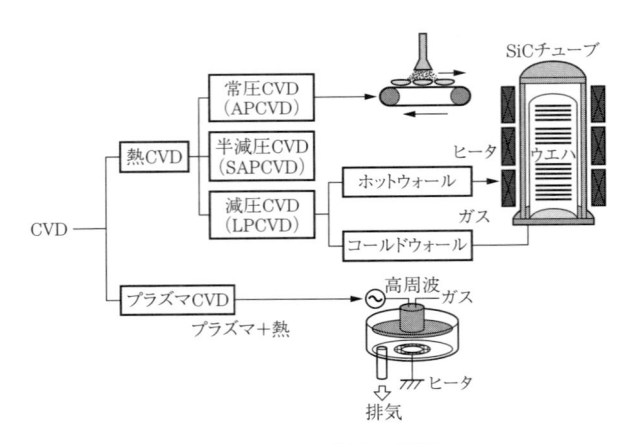

図 1.7　CVD 装置の種類

Torr）です。オイルロータリーポンプ，ドライポンプとメカニカルブースターポンプの組み合わせで排気されます。ターボ分子ポンプも使用されます。詳しい解説は第 11 章で行います。

PVD

　高真空下でチャンバにアルゴンガスを導入し，放電で発生したプラスのアルゴンイオン（Ar^+）をターゲットにぶつけて金属原子を飛び出させ，反対側に置かれたウエハに金属膜を堆積させます（**図 1.8**）。半導体装置の中では一番

3. 半導体での真空応用例

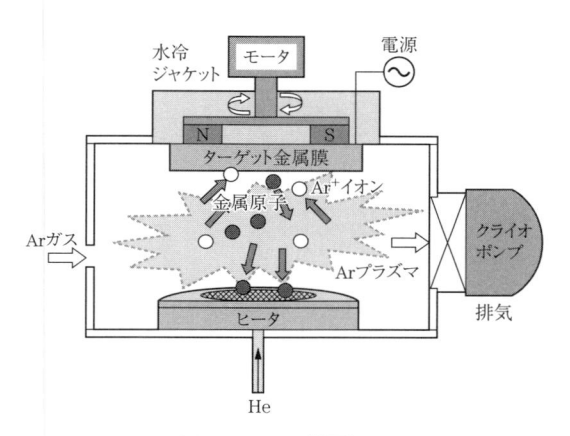

図1.8 PVD装置概要

の高真空度を誇り，最高でのベース圧力は 10^{-7}Pa（10^{-9}Torr）台です。真空度が膜質に強く影響します。

クライオポンプが超高真空用として使用され，他にターボ分子ポンプが前処理チャンバに付き，荒引きポンプとしてオイルロータリーポンプや，ドライポンプとメカニカルブースターポンプの組み合わせが使用されます。したがって，装置は大型化します。

サーマルプロセス

ファーネスと呼ぶ炉を使って，インプラ後に打ち込んだ不純物を活性化させたり，結晶性の回復などを行うため加熱します。真空度が悪いと，空気中の酸素と膜が反応して自然酸化膜（Native Oxide）が付き，絶縁耐力を劣化させたり，接合抵抗を増大させたりします。また，熱酸化膜（サーマルオキサイド）を成長させるプロセスで使用します（酸化炉）。これは素子分離に用いたり，MOSトランジスタのゲート酸化膜になる重要なプロセスです。加熱では膜が引き締まるので，膜質の改善にも使用されます。これらはFTP（Furnace

Thermal Process）と呼ばれます。

　近年，低温化プロセスの導入とサーマルバジェットと呼ぶ熱履歴が問題となり，デバイスが作りにくくなってきています。熱履歴を押さえるため短時間で加熱，冷却できるRTP（ラピッドサーマルプロセス）が導入されています。RTPの場合，圧力はさまざまで，大気圧に近いものからCVDクラスまであります。

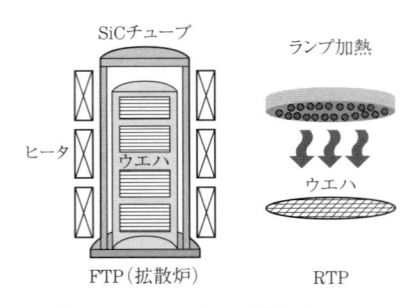

図1.9　ファーネス（炉）とRTP

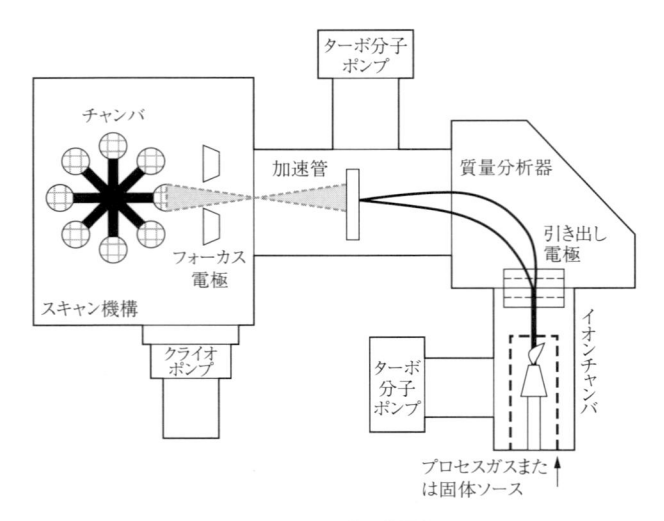

図1.10　インプラ装置概要

オイルロータリーポンプや，ドライポンプとメカニカルブースターポンプの組み合わせで排気されます。ファーネス（炉）とRTPを**図1.9**に示します。

インプランテーション

　不純物をイオンにしてシリコンに打ち込み，P型，N型半導体を作る装置です（**図1.10**）。真空度が悪いといろいろな物質がイオン化され，不必要なイオンまで打ち込まれてしまいます。それをエネルギーコンタミネーションと言います。ベース圧力は 10^{-5} Pa（10^{-7} Torr）台です。

　磁場偏向型質量分析器や加速管，プロセスチャンバなどが並んでいて，装置としては大型になり，ターボ分子ポンプとクライオポンプが超高真空用ポンプとして使用されます。

第2章

真空の理論と計算

1 まずはトリチェリの実験から

　真空の話でたびたび登場するのがトリチェリです。その昔（1644年），イタリアのトリチェリという人が大気圧を測定しました。彼は水銀と試験管のような物を使用しています。水銀とはうまい方法だったようで，もし彼が水を使ったら失敗していたと言う人もいるくらいです。ともあれ彼の実験によって大気の圧力は水銀を76 cm押し上げるだけの圧力があると確定されました（図

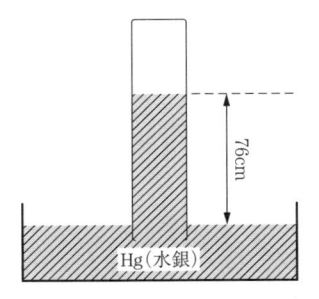

図2.1　トリチェリの実験

2.1）。彼の時代から幾世紀も過ぎ，われわれの生活は真空技術なくしては考えられない時代になりました。

もう一度真空のことを考えてみましょう。水銀の高さ 76 cm で水銀の比重 13.6 を掛けると，大気圧は約 1 kg/cm² になります。半導体製造装置で用いられていた Torr という真空の単位は彼の名（Torricelli）から来ています。

2 単位の話──Pa と Torr，mbar

　76 cm は 760 mm なので，1 気圧は 760 Torr ということになります。単位系の改訂があり，現在では真空の単位はパスカル（Pa）を用いることになっています。しかし，半導体製造の世界ではいまだに Torr を使用しているメーカーもあります。日本の製造装置は Pa に移行しましたが，アメリカなどでは Torr が使われ，ヨーロッパ圏ではミリバールも使われています。

　ここで単位について少し述べてみます。パスカルは圧力の単位で，1 平方メートルあたり 1 ニュートンの力が作用する場合を言います。1 Pa＝1 N/m² です。1 気圧は 760 Torr であり，パスカルでは約 101300 Pa になります。1 Torr ≒133 Pa です。天気予報では数字が大きくなり過ぎるので，ヘクト（h）という単位を使って 1013 hPa と表します。ヘクトとは 100 という意味です。ヨーロッパの装置ではミリバール（mbar）も使われています。余談ですが，アメリカの装置でよく使用されるピーエスアイ（psi）という単位があります。ポンド・スクエア・パー・インチの略ですが，0.07 を掛けると kg/cm² になり，約 6895 Pa になるので参考にしてください。

　実務の世界ではまだ混在している状況ですが，速やかに統一されることを願ってやみません。本書ではできるだけ Pa と Torr を併記しますが，一部計算では Torr を使用しています。Torr の方が真空では使いやすい面もあります。政令によっても真空の補助単位として認められているものです。必要に応じて Pa

表 2.1　圧力単位換算表

Pa	Torr	mbar	psi	kg/cm^2	atm
1	7.50×10^{-3}	0.01	1.45×10^{-4}	1.02×10^{-5}	9.87×10^{-6}
133.3	1	1.33×10^{-3}	1.93×10^{-2}	1.36×10^{-3}	1.32×10^{-3}
100	0.750	1	14.5×10^{-3}	1.02×10^{-3}	0.99×10^{-3}
6894.8	51.71	68.95	1	7.03×10^{-2}	6.80×10^{-2}
98070	735.6	980.7	14.2	1	0.968
101300	760	1013	14.7	1.033	1

に変換してください。知っていると結構役に立つ単位や換算式を**表 2.1**に示します。

3 真空理論の初歩

真空度

　理想気体では大きさや粘性はないことになっていたり，断熱膨張，圧縮をすることになっているので，実際の気体では理論から少し離れた特性になります。ボイルシャルルの法則は，実務ではまったくと言ってよいほど使いませんが，容器（チャンバなど）から気体を排気したりする時などの理論的背景を理解するためには必要不可欠です。また気体は膨張したり縮んだりするということが，真空を理解する上では重要です。学問的には少し難しいのですが，われわれの業務として，ターボ分子ポンプやクライオポンプといったものも使用するので，粘性流や分子流といったものも少しは理解したいものです。

　これらを少し覗いてみましょう。真空度の目安としては4つに分類されるのが一般的です。**図 2.2**では単位はPaとTorrで併記しています。大気圧に近い方から順に低真空，中真空，高真空そして超高真空です。現在，実用になっている半導体の真空装置では10^{-8}Pa（10^{-10}Torr）までで十分でしょう。また図

第2章 真空の理論と計算

```
10⁵  10⁴  10³  10²  10¹  10⁻⁰  10⁻¹  10⁻²  10⁻³  10⁻⁴  10⁻⁵  10⁻⁶  10⁻⁷  10⁻⁸ Pa
10³  10²  10¹  10⁰  10⁻¹  10⁻²  10⁻³  10⁻⁴  10⁻⁵  10⁻⁶  10⁻⁷  10⁻⁸  10⁻⁹  10⁻¹⁰ Torr
```

|低真空|中真空|高真空|超高真空|
粘性流
中間流
分子流

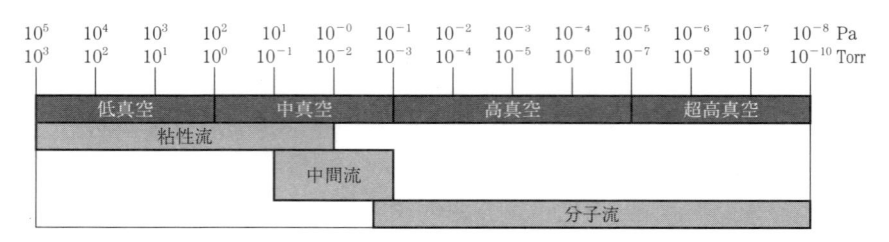

図2.2 真空度の分類

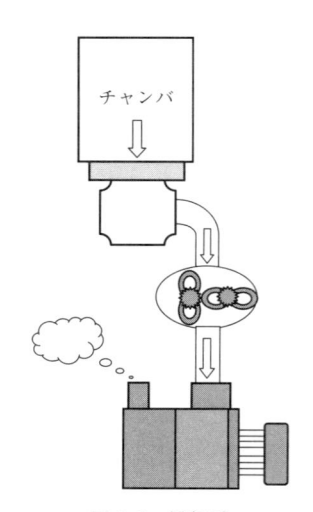

図2.3 排気系

には粘性流，中間流，分子流も加えてあります。後で述べますが，この表の分類は学問的には正しくありません。しかし，半導体装置ではおおむねこの範囲で間違いないと考えられます。チャンバを真空引きしていくと低真空から高真空へ，そして超高真空へと真空度が上がっていきます（**図2.3**）が，その気体の流れ方に注目すると，3つの状態があります。それが粘性流，中間流そして分子流です。

平均自由行程

　粘性流，中間流，分子流について話す前に，平均自由行程λという概念を知る必要があります。平均自由行程λのことをMFP（Mean Free Path）と言いますが，気体分子が他の気体分子と衝突するまでに走る平均距離のことです。別の言葉で言うと，ガス分子間の平均距離，またはチャンバ壁や配管壁までの平均距離です。圧力が高い場合には短く，低い場合には長くなります。半導体ではPVDなどが高真空を必要としていますが，ベース圧力は10^{-7}Pa（10^{-9} Torr）台になります。N_2で20℃の場合，平均自由行程は50kmにも及びます（図2.4）。

　20℃，N_2（空気でもほぼ同じ）では次の式(2.1)で平均自由行程が計算できます。

$$\lambda = \frac{5 \times 10^{-3}}{P(\text{Torr})} \quad (\text{cm}) \tag{2.1}$$

　また温度が常温でない場合でλを計算したい時は，温度を$T(\text{K})$とすると，N_2の場合には式(2.2)で計算されます。空気でもおおむね同じです。

$$\lambda = 1.7 \times 10^{-5} \frac{T(\text{K})}{P(\text{Torr})} \quad (\text{cm}) \tag{2.2}$$

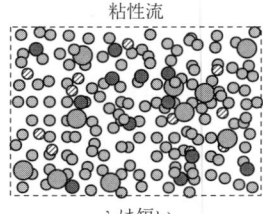

粘性流　　　　　　　　中間流　　　　　　　　分子流

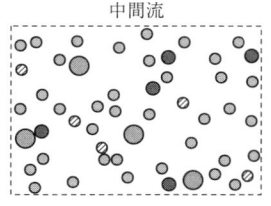

λは短い　　　　1mTorr=0.133Pa　λ≒5cm　　　10^{-9}Torr=10^{-7}Pa　λ≒50km

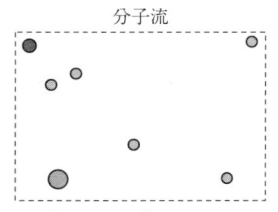

図2.4　MFP 平均自由行程λ

粘性流，中間流，分子流

　ガス分子の平均自由行程 λ が配管直径 D より短い場合には，配管の壁との衝突よりもガス分子同士の衝突で流れが決まります。このような状態の流れを粘性流と定義します。ガスが粘性を持った流体のように振る舞いながら流れていくからです。また，平均自由行程 λ が配管の直径より長い場合には，気体分子間の衝突よりは壁との衝突で流れが決まります。このような状態を分子流と言います。

　おおよそ λ が配管直径 D の 1.5 倍くらいから完全な分子流領域に入り，また一部のガスには，バックストリームという，ポンプ側からチャンバへの逆流も見られるようになります。分子流の領域ではポンプへ向かう流れと逆のチャンバへ向かう流れが生じます。バックストリームによって排気能力が低下したり，チャンバ汚染やパーティクルの増加が見られることになります。このため，分子流を扱う装置ではバックストリーム対策が施されています。半導体装置では 0.133 Pa，1 mTorr から分子流が始まると見て良いでしょう。

　中間流とは平均自由行程 λ と配管の直径 D がほぼ等しくなった状態です。λ が配管直径の 1/2 くらいから中間流の領域に入ります。この領域の流れを研究者の名前をとってクヌーセンの流れとも言います。流れの解析は複雑でいくつかの計算手法が提案されていますが，実測が一番のようです（**図 2.5**）。

　よく真空度のみで粘性流，中間流，分子流を定義しがちですが，本来の定義はあくまで気体が流れる配管の直径との比になります。したがって，定義によればいくら真空度が高くても，配管や装置のチャンバ寸法が小さければ分子流

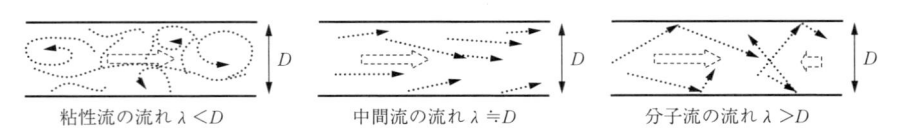

粘性流の流れ $\lambda < D$　　中間流の流れ $\lambda \approx D$　　分子流の流れ $\lambda > D$

図 2.5　粘性流・中間流・分子流

3. 真空理論の初歩

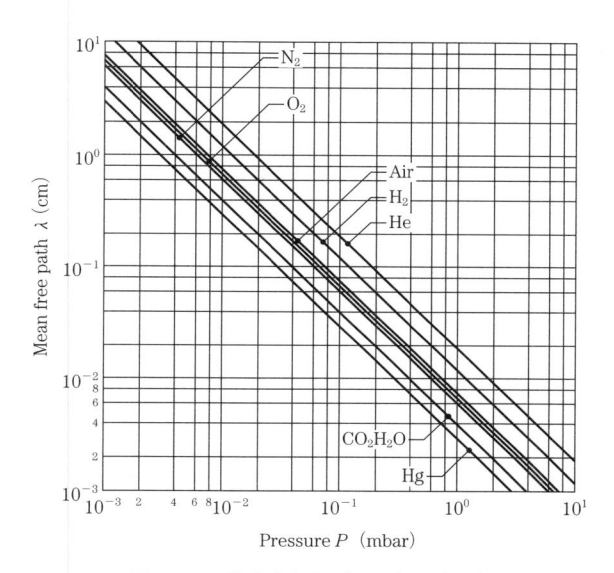

図2.6 平均自由行程（MFP）λ（cm）
（エリコンライボルト社提供）

の領域とはならないわけです。簡易計算によると，空気分子の平均自由行程 λ は $\lambda = (5 \times 10^{-3}) \div P\,(\text{Torr})\,\text{cm}$ ですから，0.133 Pa（1 mTorr）で約 5 cm，0.0133 Pa（0.1 mTorr）で約 50 cm になります。

　実際の理論や解析は非常に難しいものですが，簡単な式や計算でも相当のことがわかります。余談ですが，フォアラインバルブまわりの配管直径はどれも 5 cm 程度です。これは装置のベース圧力が 1 mTorr 程度なので，この程度の大きさでも良いためです。1 mTorr で平均自由行程が 5 cm というのは覚えておいて損はありません（図2.6）。

PD値

　粘性流，中間流，分子流の目安として，よく PD 値なるものが用いられる場

表2.2 PD値の例

流れの分類	PD値（Torr·cm）
粘性流	>0.5
中間流	0.5〜0.015
分子流	<0.015

合があります（**表2.2**）。これは，実際には平均自由行程を測定することが困難であるためです。半導体ではおおむね5 cmより太い配管を用いるので，実用上はこのPD値でも差し支えありません。真空は実用技術なので，単位や条件は実用的なものを用いて計算されています。

　平均自由行程λ（cm），配管の直径D（cm），配管両端の平均圧力P（Torr）の計算は一般に20℃（室温）の時のN_2（空気）の場合で行われています。これが前提条件になるので，これから大きくずれた条件では結果が異なります。たとえばガスの種類や温度条件などです。しかし，半導体ではクリーンルームの温度は23℃前後であり，大気から（空気）チャンバを真空引きするので，そのまま使える場合がほとんどです。試しに計算してみると，アイドル状態の半導体装置はベース圧力が10^{-2}Pa台より高真空側なので，すべて分子流の領域です。よってポンプ側からチャンバ側へバックストリームが見られます。CVD装置などでは，よくアイドル時にポンプ配管に乾燥窒素を流していますが，バックストリーム対策でチャンバ汚染防止をしています。

　PVD装置では，プロセス中の圧力が2 mTorrでチャンバ直径を50 cmとすると，PD値は$2\times10^{-3}\times50=0.1$となります。これは中間流の領域になり，流れの解析は複雑ですが，PVDはターゲットからの金属をウエハに当てて膜を堆積させる完全な物理現象であり，ターゲットからウエハまでの飛距離やターゲット裏側にある磁石の調節で均一性などを確保しています。一方エッチングやCVDでは，それぞれ200 mTorr，40 cmくらいとするとPD値は8になり，粘性流の領域になります。また，化学反応を使うためガス分子の流れが大きく

影響し，圧力条件がプロセス結果に影響してきます。装置では圧力コントロールができるようにバルブが付けられています。

実際の PD 値は空気の場合で計算されているので厳密には正しくありませんが，目安にはなると思います。また 0.133 Pa (1 mTorr) で λ が 5 cm であることを利用しても良いと思います。式(2.1)より，

$$K = \frac{D}{\lambda} = \frac{D \times P}{5 \times 10^{-3}} \quad (2.3)$$

直径の単位は cm，圧力の単位は Torr です。K が 1 より大きければ粘性流，1 付近なら中間流で，1 より小さい場合は分子流となります。

流れと装置デザイン

装置的には平均自由行程や粘性流，中間流，分子流といった要素はどう取り入れられているのでしょうか。各装置構成を見てみるとだいぶ様子が違っていることに気が付きます。

エッチングや CVD 装置は多くの小型部品が取り付けられています。一方，PVD やインプラはチャンバのまわりに大型部品が取り付けられています。ターボ分子ポンプやクライオポンプは口径の大きな吸気口で，チャンバに最短で直結されるデザインになっています。エッチングや CVD 装置では，ターボ分子ポンプは同じデザインですが，荒引き用の真空ラインは小さな口径（40～50 mm 程度）でポンプへ結合しています。ポンプの吸気口も小さなものです。

今一度粘性流と分子流を考えてみます。粘性流は気体分子がたくさん存在している状態でお互いの距離が短い状態です。ちょうど，平日朝の通勤ラッシュのようなものです。電車の中は大勢の人が押し合い圧し合いして身動きが取れません。人間の平均自由行程はほぼゼロです。駅に到着して電車のドアが開くと，人々はいっせいに出口に向かいます。自分もつられて移動します。人間同士の動きが流れを決めていて，もう逆の方向には行けません。流れに身をまかせるしかありません。

この場合，混雑緩和の方法としてプラットホームを広げるというアイデアは有効でしょうか。多分うまくいきません。なぜなら多少広くしたところですぐ人でいっぱいになってしまうからです。人々の移動を律則しているのは向こうに見えるエスカレータです。エスカレータのスピードを上げるか増設すれば，混雑は改善されるはずです。同じように真空装置では，粘性流を扱う領域では配管を太くしても意味がありません。それよりは何とか排気速度を上げる方向で考えるべきです。たまに日曜の早朝電車に乗ってみます。誰もいません，ガラッとしています。向こう側の車両に一人二人いる程度です。駅のプラットホームに降りてみてください。誰もいません。私はプラットホームの中を自由に動き回れます。逆方向にも行けます。これと同じで，分子流を扱う装置では逆流が発生しその対策が必要となります。逆流のことをバックストリームとかバックディフュージョンと言います（図 2.7）。

エスカレータは空運転で私が乗ればすぐ出口まで運んでくれます。私の動きを律則しているのはプラットホームにある障害物，柱や椅子などです。もし障害物がなくプラットホームが広ければ，私はすぐエスカレータに飛び乗れます。これと同じで分子流の領域では，配管の壁との衝突で流れが決まりますので，チャンバとはなるべく大口径かつ最短でポンプへ結合します。飛び込んでくるガス分子が多いほど排気能力が上がるので，分子流を扱うターボ分子ポンプや

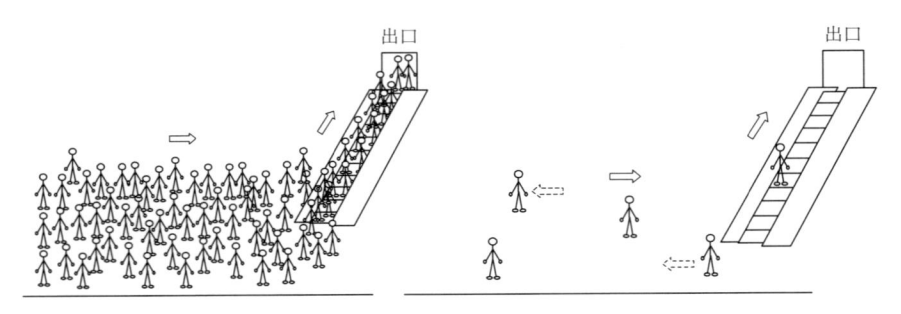

図 2.7 粘性流と分子流をたとえると

クライオポンプは口径が大きくデザインされています。したがって，装置も大型化してきます。技術的には 0.133 Pa（1 mTorr）の所に一つのブレークスルーがあり，これを挟んで装置のデザインがガラリと変わってきます。使われる部品なども様変わりしています。

乱流

大気圧下から真空引きすると，一時乱流領域に入ります。大気から真空引きを開始して少し経つと，配管の一部が振動することがあります。配管にゴムホースやフレキホースを使っていた場合などには，大きく揺れだします。これが乱流を起こしている場合です。乱流領域は半導体産業では使用しませんが，真空引きの途中で条件が揃えば，乱流を起こして配管などが振動します。乱流を起こすか起こさないかはレイノルズ数 Re で求められます。もし装置の乱流が懸念されたら一度調査してみると良いでしょう。レイノルズ数 Re が 2200 超だと乱流，1200 未満だと粘性流で，中間は乱流が発生したりしなかったりの領域となります。

$$Re = \frac{D \cdot u \cdot \sigma}{\mu} \tag{2.4}$$

Re：レイノルズ数

乱流 $Re > 2200$　　粘性流 $Re < 1200$

D：配管寸法（cm），u：気体の流速（cm/sec），σ：気体密度（g/cm^3），
μ：粘性係数（g/cm·sec）

実用的には 20℃ の空気で考えます。

$$Re = 11 \frac{Q}{D} \tag{2.5}$$

D：配管寸法（cm），Q：気体流量（Torr·L/sec）

フォアラインでよく使う配管径が 5 cm でオイルロータリポンプの排気速度が 1000 L/min なら，排気速度を L/sec に直してから，

$$Re = 11 \times 16.7 (\mathrm{L/sec}) \times P \div 5 = 36.7 \times P$$

になり，Re 数 2200 を代入すると，

$$P = 2200 \div 36.7 \fallingdotseq 60 (\mathrm{Torr})$$

になります。したがって，大気から真空引きして 60 Torr，約 8000 Pa になるまでは乱流状態になり，配管が振動する可能性があります。33 Torr，4360 Pa 以下では粘性流に入って安定するはずです。

4 真空の計算——P, S, Q

真空計算の基礎

現場ではよく真空配管を見積もったり，チャンバの到達圧力や排気速度を計測したりして，装置の保守管理などに利用する場合があります。その時に簡単に計算できる方法を考えてみます。

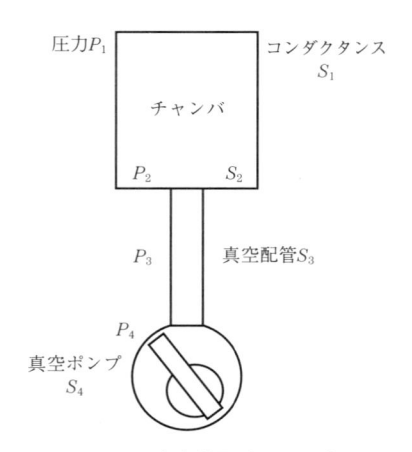

図 2.8 真空装置系の 3 要素

4. 真空の計算——P, S, Q

　真空を利用するためには最低3つの部品が必要です。真空容器（チャンバ），真空配管，真空ポンプです（**図2.8**）。そしてこれらを計算したり解析したりするためには，やはり3つの用語を知らなくてはなりません。その3つとは圧力P，コンダクタンスS，流量Qです。この3つを使って，チャンバから配管，ポンプの計算ができます。

（1）　圧力 P

　圧力Pとは何でしょう？　単位はTorr（Paが正式ですが）で，気体分子が壁を押す圧力です。気体の分子はとても小さくて軽く，そんなもので押したってと思われるでしょうが，チリも積もれば山となるで，身近なものでは大気圧の力で井戸からポンプで水をくみ上げているのもその一例です。

　気体分子は熱エネルギーをもらって空間を飛びまわり，チャンバなどの壁にぶつかって力を及ぼしています。温度が高くなると押す力，すなわち圧力も強くなります。真空に排気していくと気体分子の数が減っていくので圧力も低くなってくるという理屈です。

　圧力の単位系は統一されていて，天気予報でもhPaを使っています。本来Paを使うべきなのですが，半導体では古くからTorrが用いられているため，ここではTorrを使い，必要に応じてPaに換算して使用していきたいと思います。

（2）　コンダクタンス S

　次にコンダクタンスSですが，一言で言うと流れやすさのことで，抵抗Rの逆数です（式(2.6)）。配管が太い場合にはたくさんガスが流せそうですし，逆に細いとそんなには流せない気がします（**図2.9**）。そのことを表したものがコンダクタンスで，単位はL/secです。1秒間に何リッター(L)流せるかなので，理解しやすいと思います。じつは真空ポンプの排気速度も同じ単位でL/secです。こちらはポンプのコンダクタンスと言っても間違いではありませんが，排気速度と呼んでいます。

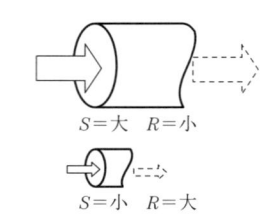

図 2.9 コンダクタンス S と抵抗 R の関係

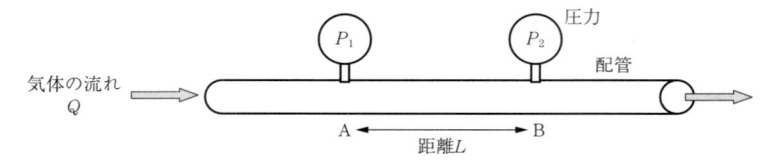

図 2.10 コンダクタンスの定義

$$S = \frac{1}{R} \tag{2.6}$$

コンダクタンス S の定義を**図 2.10** に示します。配管の A から B 点までのコンダクタンスは気体の流量を圧力差で割ったものです（式(2.7)）。

$$S = \frac{Q}{(P_1 - P_2)} \quad (\text{L/sec}) \tag{2.7}$$

（3） 流量 Q

最後に，気体の流量は Q で表し，単位は Torr·L/sec(Pa·L/sec) になります。流量 Q の単位は圧力×容積を秒で割った形になっているので，少し面食らうかも知れません。これについては少し説明を要します。

固体や液体は容積のみで量が決まります。これらは容易に縮んだり膨張したりしないからです。気体の場合，同じ 1 L 中の量は圧力に依存します。富士山頂上の 1 L と麓での 1 L では明らかに頂上の方が量は少なくなっています。し

たがって気体の量は圧力×容積で決まり、単位は Torr·L(Pa·L) です。流量は単位時間にどれだけの量が流れるかなので、量を時間で割れば求まります。気体の状態方程式は学んだ覚えがあると思います（式(2.8)）。左辺は圧力×容積になっています。右辺は nRT で、それぞれモル数、気体定数、温度です。気体定数は 0.082 で変わりません。N はモルなので、すなわち量です。この方程式の意味する所は、すなわち温度が決まれば、圧力×容積は気体の量だということです。

$$PV = nRT \tag{2.8}$$

これら 3 つの要素、圧力 P、コンダクタンス S、流量 Q の間の関係を見ておけば、真空に関する問題はおおむね解決すると思います。式(2.9)はこれら 3 つの関係を表したものです。次にこの式を使って簡単な計算をしてみることにします。

$$Q = SP \tag{2.9}$$

Q：気体流量で Torr·L/sec(Pa·L/sec)、S：コンダクタンスで L/sec、
P：圧力で Torr(Pa)

真空の計算例

（1） チャンバ圧力

半導体装置はおおむね**図 2.11** のような構成でできています。チャンバへはマスフローコントローラというものでガス流量をコントロールして流します。この時、ターボ分子ポンプの入り口近く、すなわちチャンバ直下のコンダクタンス S を仮に 100 L/sec とします。マスフローコントローラで 100 sccm の流量を流したとすると、チャンバ圧力はいくらになるでしょうか。

$$（式 2.9）Q = SP \quad より \quad P = \frac{Q}{S}$$

ですから、流量 Q をコンダクタンスの 100 で割れば求まりそうです。しかし流量 Q の単位は Torr·L/sec か Pa·L/sec でないと計算できません。マスフロ

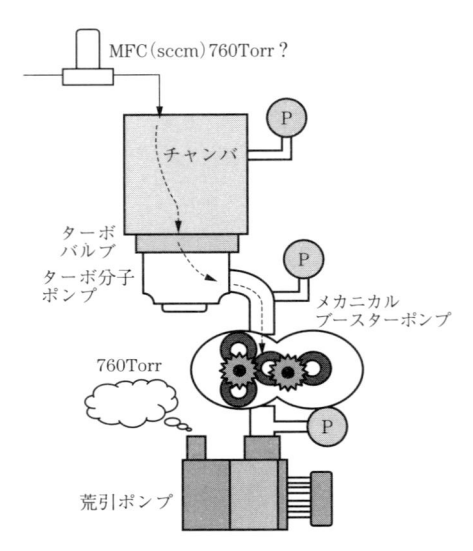

図 2.11　半導体装置

　コントローラの流量の単位は sccm です。これは Standard Cubic Centimeter per Minutes の略で，標準状態（一般には 0℃，1 気圧）の下で 1 分間に何 cc 流れるか，というものです。したがって，sccm を Torr·L/sec か Pa·L/sec に変換する必要があります。1 Torr·L/sec＝78.9 sccm なので，変換して計算してみます。結果は 12.7 mTorr になります。逆に，100 sccm 流して 12.7 mTorr になったら，コンダクタンスは 100 L/sec と求まります。

$$Q = \frac{100}{78.9} = 1.27$$

$$P = \frac{1.27}{100} = 0.0127 = 12.7 \text{ mTorr}$$

　この場合には，実効コンダクタンスになります。すなわち，チャンバ直下に 100 L/sec の排気能力のあるポンプが付けられていることと等価です。ターボ

分子ポンプの排気速度ではなく，それよりも低い値になります。これは配管でロスが出るためです。

（2） 実効コンダクタンス

次にこのことについて考えてみましょう（**図2.12**）。チャンバはコンダクタンス S_h が 40 L/sec の配管で真空ポンプと接続されています。真空ポンプの排気速度 S_p を 100 L/sec とします。チャンバ直下の実効コンダクタンス S_c を計算してみます。私たちが利用できるのはこの実効的なコンダクタンスのみです。式（2.10）に従って計算していきます。

$$\frac{1}{S_c} = \frac{1}{S_h} + \frac{1}{S_p} \tag{2.10}$$

$$\frac{1}{S_c} = \frac{1}{40} + \frac{1}{100} = \frac{40+100}{4000} = \frac{140}{4000}$$

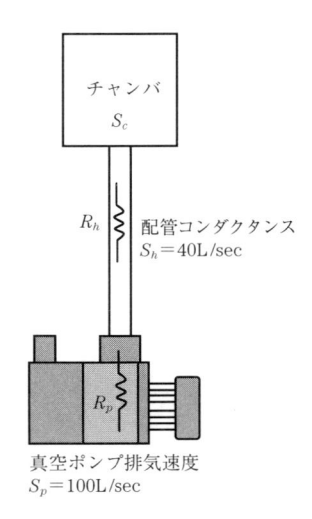

図 2.12　排気の見積もり

$$S_c = \frac{4000}{140} = 28.6$$

したがって，$S_c = 28.6 \,\mathrm{L/sec}$ となります。せっかくの排気能力が配管のロスのため 30% 弱しか利用できていません。前の問題のように，チャンバに 100 sccm 流すと圧力は 44.4 mTorr になります。同じ流量で圧力を下げて使いたい場合には，実効コンダクタンス S_c を上げなくてはなりませんが，ポンプを大型化するのは疑問です。試しに 2 倍の排気速度で計算してみると，実行コンダクタンス S_c は 33.3 L/sec になります。2 倍の能力のポンプでも 5 L/sec 弱, 14% 程度しか上がりません。この場合には，配管を太くするか短くした方が良いでしょう。

(3) コンダクタンスと抵抗

式(2.10)はコンダクタンスの逆数を足し算しています。なぜこのような計算をするかと言えば，コンダクタンスは抵抗 R の逆数だからです。図 2.12 では，チャンバには配管と真空ポンプが直列につながっているので，逆数を取って抵抗に直し，足し合わせています。これが総抵抗なので，再び逆数を取ってコンダクタンスに直せば，チャンバ直下の実効コンダクタンス S_c が得られるわけです。コンダクタンスは流れやすさの単位であり，抵抗は流れにくさの単位です。コンダクタンス S と抵抗 R は互いに逆数の関係にあります（式(2.11)）。

$$S = \frac{1}{R} \tag{2.11}$$

実際の装置は複雑で，チャンバから最終の荒引きポンプまでいろいろな部品が接続されています。各部品には固有のコンダクタンスがあるので，カタログを見るか実測してください。ただし，コンダクタンスは粘性流と分子流で大きく異なってきますので，用いる領域を確認してください。たとえば DN 40 配管では中間流領域から高圧側で 1 m あたり 400 L/sec のコンダクタンスがありますが，分子流の領域では 8 L/sec にもなってしまいます。

4. 真空の計算——P, S, Q

　図2.11をもう一度見てください。プロセスガスはマスフローコントローラで流量をコントロールされ，チャンバに入ります。次にターボ分子ポンプに入り，排気されてメカニカルブースターポンプへと導かれ，最終的には荒引きポンプで排気されて大気へ放出されます。この流れの途中にはいろいろな部品があります。

　荒引きポンプの出口はもちろん大気なので，1気圧（760 Torr，101300 Pa）です。一方，マスフローコントローラはsccmという単位で流量をコントロールしています。標準状態で1分間に何cc流すかです。ということは，等価的に1気圧でコントロールしていることになります。マスフローコントローラが1気圧で，荒引きポンプの出口が1気圧ということになります。

　電気の世界では，同じ電圧の所は結合してもしなくても構いません。電圧が等しいため電流が流れないからです。同じ原理でマスフローコントローラと荒引きポンプの出口を結合します。すると1つの閉回路ができ上がります。また，ガスが流れる状態はちょうど電流が流れている状態と同じです。流れの途中には固有のコンダクタンス，言い換えれば抵抗をもった部品が接続されています。電気回路の電圧 V は圧力 P に相当します。ここまでくると，これらの関係を表した式(2.9)，$Q = SP$ はオームの法則と同じであることがわかります。**図2.13** は真空装置の等価回路になります。

$$I = \frac{1}{R} \times V \text{ (A)} \quad \rightarrow \quad Q = SP \text{ (Pa·L/sec)}$$
　　　　〈オームの法則〉

　図2.11ではチャンバ，ターボ分子ポンプの出口，メカニカルブースターポンプの出口に圧力ゲージが取り付けてあります。いろいろな圧力を示すはずです。電気回路でも抵抗 R の値によって電圧は変わります（$V = RI$）。真空装置でも部品のコンダクタンスによって圧力 P は変わってきます。コンダクタンスが大きいほど，すなわち抵抗が低いほど圧力は小さく，その箇所ではロスが少ないことを表します。この原理を応用してさまざまな状況に対応できると思

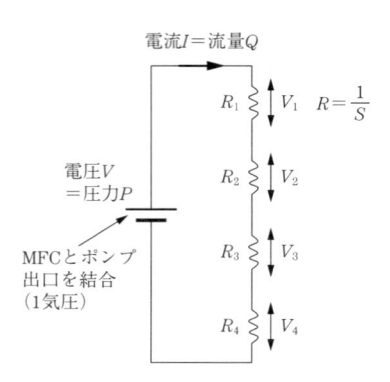

図 2.13　真空装置の等価回路

います。

　計算の途中で出てきた sccm から Torr·L/sec への換算式ですが，計算は次の通りです。大気圧は 760 Torr なので 1/760 にして，1 min は 60 sec なので 60 倍します。そして L を cc に直すために 1000 倍すれば良いのです。よって，1 Torr·L/sec＝1/760×60×1000＝78.9 sccm であることがわかりました。これは覚えておくと何かと便利です。チャンバの排気能力を調べたり，真空系のリークを計ったりと，アイデア次第で応用は広まっていきます。

（4）排気能力

　図 2.11 で排気能力の計り方を見てみます。排気能力はチャンバ直下の実効排気能力のことで，これを管理することで装置の異常を早めに知ることができます。

　マスフローコントローラからある流量を流し込んでその時の圧力を計測すれば良いのですが，一つ問題があります。それはチャンバがリークしていた場合です。マスフローコントローラからの Q にリーク量の Q_L がプラスされるので，圧力 P がその分よけいに上昇して，見かけ上コンダクタンス S が低下して見

えます。

　しかしリーク量 Q_L を相殺する方法があります。定圧法という手法です。流量 Q を変えて2回計測します。圧力 P も2回計測し，計算過程で差し引きゼロにします（式(2.12)）。チャンバにリークがあっても真の排気能力を算出できます。ただし，流量 Q を変えてもコンダクタンス S が変わらないと仮定していますが，実際にはわずかに変化します。したがって，流量 Q にあまり大きく差を付けない方がうまくいきます。

$$Q_1 + Q_L = S \times P_1 \qquad SP_1 - SP_2 = (Q_1 + Q_L) - (Q_2 + Q_L)$$

$$Q_2 + Q_L = S \times P_2 \qquad S(P_1 - P_2) = Q_1 - Q_2 \quad : S = \frac{Q_1 - Q_2}{P_1 - P_2} \quad (\text{L/sec})$$

(2.12)

　表2.3 は，以前に実験用の装置で計測した排気速度です。実際この装置には相当ひどいリークがありました。流量差を多く取ると排気量が変わり，差が出てきます。表では300 sccmと600 sccm間で排気速度のピークがあるように見えます。このように，装置では排気速度はある所でピークをもつものです。

　図2.14 はマスフローコントローラの流量対チャンバ圧力 P と，実効排気速度を調べたものです。マスフローコントローラの直線性が良いことがうかがわれます。排気速度は高流量の方でややフラットな特性になっています。

　ターボ分子ポンプなどはガスの種類により排気速度が異なるので，水素やヘ

表2.3　定圧法での排気速度測定例

①	0 sccm	16 mTorr
②	50 sccm	103 mTorr
③	300 sccm	240 mTorr
④	600 sccm	382 mTorr

①と②の間では 7.28 L/sec （436.8 L/min）
②と③の間では 23.1 L/sec （1388 L/min）
③と④の間では 26.8 L/sec （1606 L/min）
④と②の間では 25.0 L/sec （1498 L/min）

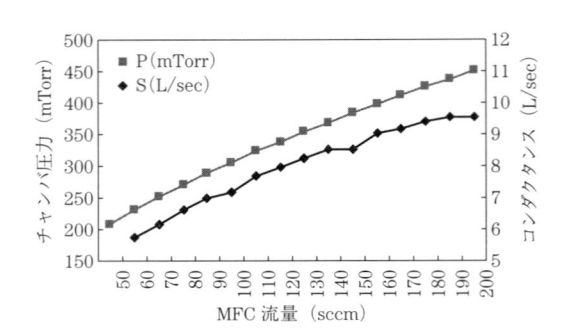

図 2.14　マスフローコントローラの流量対チャンバ圧力と実効排気速度

リウムといった分子速度の速いものと，アルゴンや窒素などとでは差が出ます。定期的に測定記録を残しておくと，装置の保全管理に応用できます。チャンバの温度も関係しますので，毎回同じ温度条件で測定します。

（5）チャンバ容積

　何かの都合でチャンバの容量などを知りたい場合があります。容量が既知のバルブ付き真空容器を作り，調べる方法があります。作った後にIPAなどのアルコールを入れて，その量から容積を出しておきます。

　図 2.15 に示すように，乾燥させてから中に空気か乾燥 N_2 を入れ，バルブを閉じます。チャンバを十分真空引きしてからバルブを開け，圧力の上昇を測定します。圧力の上昇分を P とすると（最終圧力から開始圧力を引く），

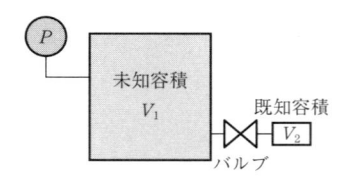

図 2.15　チャンバ容積の測定

$$P(V_1+V_2)=V_2\times 760 \text{ Torr}$$

となります。$P\times V$ が気体の量であることを利用します。

$$PV_1=V_2\times 760-PV_2 : V_1=\frac{V_2\times 760}{P}-V_2 \qquad (2.13)$$

これで未知容積 V_1 が割り出せます。バルブ周辺のデッドスペースの影響を除くために接続は最小径，最短で行い，V_1 と V_2 の差を極端に小さくしないことと V_1，V_2 間に温度差がないことが重要です。これを何回か繰り返します。

簡単な方法ですが実用的には十分だと思います。またマスフローコントローラは非常に正確に流量を制御するため，これを利用しても未知の容積が割り出せます。いろいろ工夫してみてください。計測する容積（チャンバ）の温度は，室温の方が誤差が少なくなります。極端な温度下では補正する必要があります。

図 2.11 で十分に真空引きしてからターボバルブを閉にして，100 sccm のガスを流し込みます。2 分後の到達真空度を求めてみましょう。チャンバ容積は 40 L で初期圧力は 0 Torr とし，リークはないものとします。

$Q=SP$ は展開すると，

$$Q=\frac{V}{\sec}\times P \qquad (2.14)$$

となります。コンダクタンス S が L/sec の単位だからです。さらに式を展開して，

$$P=\frac{Q\times \sec}{V} \quad (\text{Torr})$$

となります。各値を代入します。

$$P=1.27\times 2\times 60\div 40=3.81 (\text{Torr})$$

2 分後には 3.81 Torr になることがわかりました。この原理を応用した，マスフローコントローラの流量をチェックする機能をもった装置があります。チャンバ容積はあらかじめ測定されてプログラムに納められています。便利な機能で簡単に調べられますが，過信は禁物です。温度が変わると圧力が変わって

しまうので，いつも同じチャンバ温度で測定管理する必要があります。以前経験したことですが，ターボ遮断バルブやフォアラインバルブが完全に閉じていないと，そこからガスが真空引きされるので値が低く出ます。また，チャンバにリークがあると値が高く出てしまいます。測定の前にはこれらをチェックしておきましょう。

(6) リーク量

もう一例ご紹介しましょう。40 L 容積のチャンバで十分にポンプダウンして，最終の到達真空度が 0.14 mTorr になったとします。バルブを締めてそのまま放置し，リークバック試験をしました。2 時間後のチャンバ圧力は 2.5 Torr になっていたとします。リーク量を計算すると，

$$2.5 \times 40/2 \times 3600 = (0.0139 \text{ Torr·L/sec})$$

リーク量を sccm に換算すると 1.10 sccm になり，外部から約 1.1 cc の空気が毎分入り込んでいたことになります。これをチャンバ直下の実効排気速度 100 L/sec のターボ分子ポンプで引くと 0.000139 Torr，すなわち 0.139 mTorr になり，到達真空度と一致します。これ以上はリークのため真空度は上がらないことになります。

流量やリーク量の正式な単位は Pa·m³/sec ですが，計算上 Torr·L/sec や sccm なども知っておいた方が良いでしょう。換算表を参考にしてください（**表 2.4**）。ヘリウムリークディテクタの単位も Pa·m³/sec になっています。

表 2.4　流量換算表

Pa·m³/sec	Torr·L/sec	sccm
1	7.50	592.2
0.133	1.00	78.9

(7) 総合コンダクタンス

装置のセットアップでは，真空配管の見積もりの必要が出てくる場合があり

ます。真空配管，トラップ，チャンバなどが直列につながっている場合には，総合コンダクタンスSは式(2.15)のようになります。通常装置は，チャンバ→ターボ遮断バルブ→配管→メカニカルブースターポンプ→配管→荒引きポンプ，という構成になっています。これらは電気の世界で言うと抵抗の直列接続と同じ概念です。

$$1/S = 1/S_1 + 1/S_2 + 1/S_3 + \cdots\cdots \quad (2.15)$$

また，すべての真空部品を並列につなぐと，総合コンダクタンスSは足し算になります。装置ではあまり見当たりませんが，大排気量を必要とするものはチャンバにターボ分子ポンプを2台並列に取り付ける場合もあり，その場合のコンダクタンス計算は式(2.16)のようになります。電気で抵抗の並列接続に

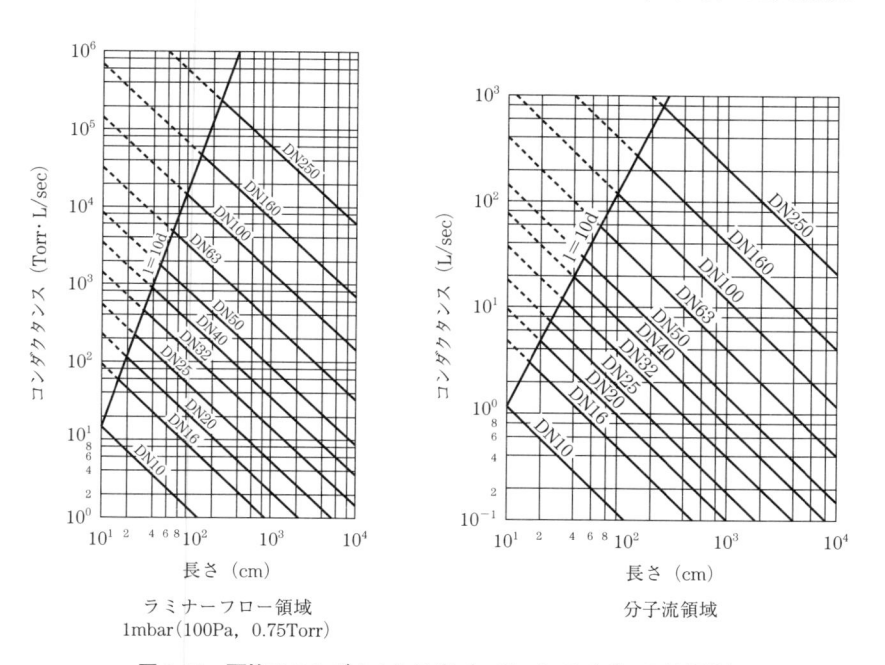

ラミナーフロー領域
1mbar(100Pa, 0.75Torr)

分子流領域

図2.16 配管のコンダクタンス表（エリコンライボルト社提供）

あたります。

$$S = S_1 + S_2 + S_3 + \cdots \cdots \quad (2.16)$$

コンダクタンスが流れやすさを表すものとすれば納得がゆきます。真空配管のカタログにはコンダクタンスが載っていますので（**図2.16**），これを用いて簡便に配管のコンダクタンスを見積もることができます。

配管の総延長を求めるには，簡易的には次の式で計算できます。配管の曲がりを直管に換算しています。

$$L\,総合 = L + 2.66 \times n \times r \quad (2.17)$$

L 総合：配管の直線部分の長さ（cm），n：曲げの回数，r：曲げの半径（cm）

曲げの回数は直角に曲がった部分で数えます。鋭角や鈍角で曲がっていたらこの式は使えません。そんな配管は滅多にないでしょうが，そんな場合はいろいろな圧力で実測してみるに限ります。

以上は簡易的な方法ですが，大きく外れることはなく，目安として使えます。

第3章

真空ポンプとその使い方

1 真空ポンプとは

　JISでも物理の世界でも，「真空とは大気圧よりも低い圧力」と定義しています。したがって台風も真空状態ですし，吸盤で物を吸い付けるのも真空の応用です。実際のエッチングで用いられる真空度は大気圧の1/1000以下ですし，PVDのベース圧力は10^{-7}Pa（10^{-9}Torr）という高真空です。

　人類が到達した最高の真空度は10^{-11}Pa（10^{-13}Torr）のオーダーです。真空を作るにはどうしたら良いでしょうか？　もちろんそれには，真空ポンプと真空容器，それに付随する真空配管などが必要です。一般には0.133 Pa（1 mTorr）程度の真空までだと，安く作ることができます。しかし，このレベルを越えてさらに高真空を作るとなると，その費用は指数関数的に増大していきます。0.133 Pa程度（1 mTorr）の所に一つの技術的壁が存在します。一般的に0.133 Pa（1 mTorr）程度までを中真空，10^{-5}Pa（10^{-7}Torr）までを高真空，10^{-5}Pa（10^{-7}Torr）より先を超高真空と呼びます。0.133 Pa（1 mTorr）は，技術と費用，プロセス自体ががらりと変わる所なのです。エッチャーやCVDなどは，プロセス圧力は比較的簡単に実現できるものですが，インプランテー

第3章 真空ポンプとその使い方

ションやPVD装置などは高度な技術を要する超高真空の世界です。

　まず，真空ポンプは一種の「圧縮機」であると考えてください。薄いガスを圧縮し濃いガスにして排出し，真空を作り出しています。薄いガスとはチャンバや配管などの真空容器の中に存在している1気圧以下のガスです。濃いガスとは最終ポンプの出口である大気圧以上の状態のものです。

　どう圧縮するかで各種ポンプに分かれます。自転車の空気入れなども空気を高圧に圧縮してタイヤに注入していますが，反対側では空気を取り込んでいるので真空ポンプとも言えます。ちょっとした化学実験で使う，レバーを握って真空を作るハンドポンプなども同じ原理です。

　真空ポンプの中で，大気圧から引くことができて0.133 Pa（1 mTorr）程度までの真空を作れるものを荒引きポンプ（ラフィングポンプ）と言います。一昔前までは油回転ポンプ（オイルロータリーポンプ）のようなウェットポンプが主なものでしたが，現在ではオイルを使わないドライポンプが主流です。荒引きポンプである程度の真空にしておいてから，次段のポンプにつないでいきます。次段のポンプとしてはターボ分子ポンプやクライオポンプがあります。以前多く使われていた拡散ポンプ（ディフュージョン）もありますが，オイルを使うため現在ではあまり使われなくなりました。

　図3.1に各種ポンプの動作範囲を示します。このようにポンプは使い分けさ

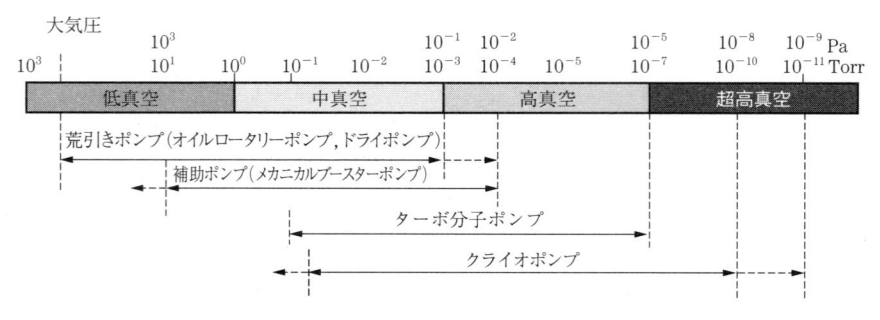

図3.1　真空ポンプ応用範囲

れています。ちょっとした装置でもターボ分子ポンプが付くようになりました。技術の進歩でそれだけ簡単に使えるようになったということでしょう。

2 各種ポンプの原理と構造

オイルロータリーポンプ

　オイルロータリーポンプは今ではあまり使われなくなりましたが，唯一大気圧から引けるポンプと言ってよいものです。油回転ポンプと訳されていますが，実際には油が回転するわけではありません。ハウジングの中にオイルを満たしてあり，真空のシールと可動部分の潤滑と冷却をしています（**図3.2**）。

　回転翼形またはゲーテ式と呼ばれ，19世紀末ドイツのライボルト社で発明されました。このポンプの発明によって簡単に真空が作れるようになり，技術の進歩に貢献しました。

　ロータは2枚か3枚の翼をもっていて，円筒形の容器の中心から偏心してセットされています。翼はスプリングで常に容器内面に押し付けられていてモータで回転します。円筒形の容器と回転翼で一種の圧縮機になっています。吸気

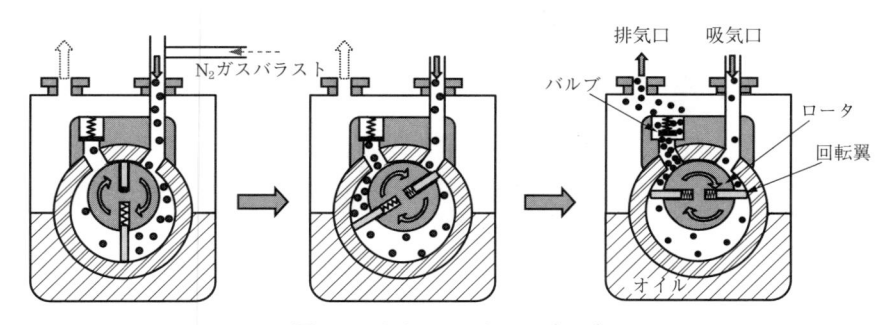

図3.2　オイルロータリーポンプ

口から吸い込まれたガスは回転翼と容器の作る空間で徐々に圧縮されてゆきます。排気側にはバルブが取り付けられていて，外から大気圧で押されているので通常閉じています。バルブ近くの空間で圧縮されたガスの圧力が高まり外側の大気圧以上になると，バルブが開いて排気されます。さらに真空度が増すと，ガス分子そのものの数が少なくなるので圧縮しても大気圧以上にはならず，ロータの回転とともに容器中で再膨張を繰り返すようになります。排気はゼロとなり，この状態がそのポンプの到達真空度ということになります。

　実際のオイルロータリーポンプは2段圧縮機構をもったものが多く，小型の回転翼形圧縮機が直列に配置されています。こうすると高真空側では容積が小さい分，少ないガス分子でも高圧に圧縮できるため，排気特性が改善されます。ちなみに3段圧縮ではどうかというと，装置が複雑になって機械的ロスも多くなり，そのわりには特性改善されないとの理由で2段圧縮にとどまっているようです。オイルロータリーポンプの写真を**図3.3**に示します。

　カタログに出ている排気能力（L/min）は排除体積で算出しているものが多く，大気圧の近くではよく合います。しかし，真空度が上がるにつれて性能が落ちていきます。それはガスが薄くなるからです。この圧力と排気量の関係は

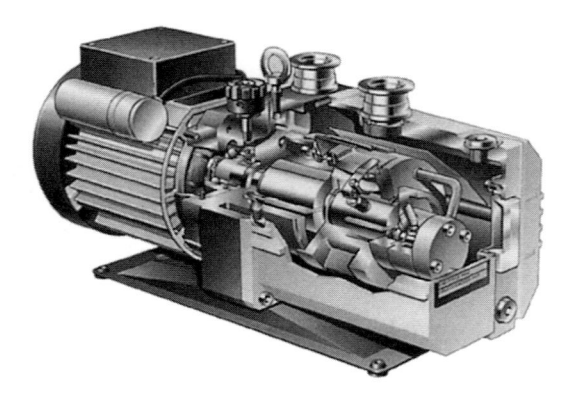

図3.3　オイルロータリーポンプ（エリコンライボルト社提供）

P–S 曲線と呼ばれています。希望する圧力でポンプがどれほどの排気能力があるかを，P–S 曲線を調べてから使用しなければなりません。

図 3.4 はオイルロータリーポンプの P–S 曲線です。ロータリーポンプの到達圧力は 10^{-3} 台（約 1 mTorr）で排気能力がゼロとなります。

2 段圧縮では 10^{-4} 台（約 0.1 mTorr）が限度です。点線はガスバラストを使用した場合で，この場合にも排気能力は落ちます。ガスバラストとは乾燥窒素を吸気側からポンプへ注入させるものです。アルコールや凝縮性の水蒸気などを引き込むと，それらがオイルの中に溶け込んで圧力の変化で泡が発生し，また溶け込むということを繰り返すため，潤滑などに不都合が発生します。もともとは早い段階でそれらを追い出すためのものでした。

半導体生産プロセスでは，大量に水蒸気や凝縮性のガス（アルコールなど）を吸い込む可能性はあまりありませんが，副生成物，腐食性や爆発性などの危険ガスを多量に使用するので，副生成物の付着を抑えたり，ポンプ内部部品の保護や安全面で一種の窒素パージとして使用します。そのため，実行排気能力は低下します。どんなポンプにも P–S 曲線があるので，ポンプ選定時などに見てみることをお勧めします。また P–Q 曲線というのもあり，こちらは圧力対流量の関係を示しています。ターボ分子ポンプの特性表などに載っています。ない場合には $Q = SP$ より計算しても大きな間違いはありませんが，やはり実

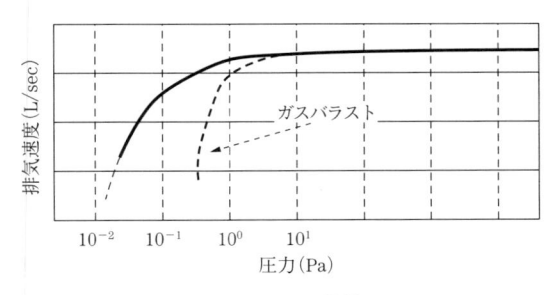

図 3.4　P–S 曲線

測値のデータが欲しいところです。このあたりはポンプメーカーさんに問い合わせるといいでしょう。

メカニカルブースターポンプ

オイルロータリーポンプは単体で用いられることはほとんどありません。1つの理由は、ポンプ単体では排気に意外と時間がかかるからです。特に真空度が上がってくると極端に遅くなっていきます。チャンバ壁やその他の部品などの表面からデガスといってガス放出が起こるからです。

2つ目の理由はオイル汚染の問題があることです。水の場合もそうですが、減圧すると低い温度でも沸騰が始まり水蒸気が出ます。真空ポンプのオイルも同じですが、減圧下でもオイル蒸気がなるべく出ないように作られています（フッ素化合物で作られたフォンブリンオイルなど）。しかしゼロではありません。特に到達真空度近くになるとオイル蒸気が発生し、ポンプ側からチャンバ側へ逆流してきます。いつの間にかチャンバがオイルで汚染されていたということも有り得ます。このためオイルロータリーポンプの上流側へ補助ポンプとしてメカニカルブースターポンプ（ルーツポンプ）を取り付けて使用するのが一般的です（図 3.5）。

メカニカルブースターポンプとは、早い話が扇風機のようなものです。大きな繭形のロータで薄くなったガスをかき集めて次段のポンプへ送り込みます（図 3.6）。以前、自動車エンジンにも使われていたスーパーチャージャーというものと同じです。ロータは鋳物を加工して作られていて重いので、大気圧からでは負荷が大きすぎて始動はできません。ある程度の真空（20〜10 Torr）になってからスタートさせます。したがってバイパス弁があり、大気圧からはラフィングポンプで荒引きして作動圧力内に入ってから切り替えます。ポンプメーカーによっては、流体クラッチを使って間接的にモータと結合されていて、大気圧からの始動が可能なものもあります（図 3.7）。動作範囲は 20〜10 Torr（1.33 kPa）〜10^{-4} Torr（0.0133 Pa）、臨界背圧は 100 Torr 以上が可能です。

2. 各種ポンプの原理と構造

図3.5 オイルロータリーポンプとの
組み合わせ（エリコンライボルト社提供）

図3.6 メカニカルブースターポンプ

　ロータ部は，他の部品と接触していません。紙1枚やっと入るほどのギャップ（数百μm）があり，このギャップで圧縮しています。したがって圧縮比は大きく取れず，10：1～100：1ぐらいのものが多いようです。圧縮比10：1と言っても，オイルロータリーポンプにとっては10倍濃いガスが送り込まれてくるわけですから大助かりです。今までガスが薄くて高い圧力まで圧縮できずポンプ内部で再膨張を繰り返していたものが，メカニカルブースターポンプが

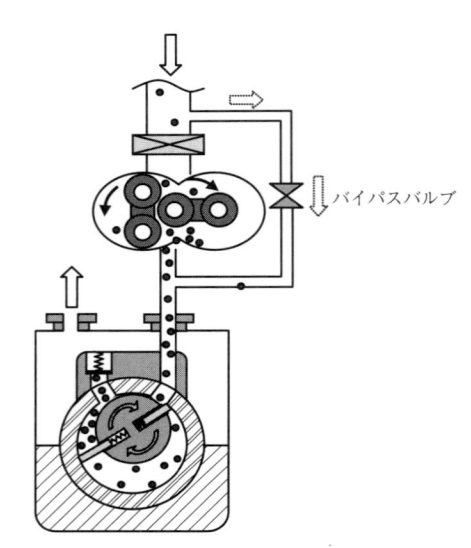

図 3.7　メカニカルブースターポンプ概要

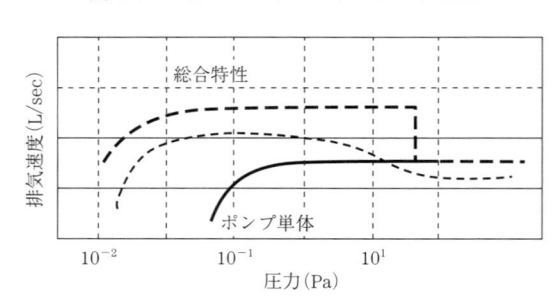

図 3.8　P–S 曲線　メカニカルブースターポンプと
オイルロータリーポンプの組み合わせ

かき集めて送り込んでくれます。結果，総合排気特性は向上します（**図 3.8**）。
　このようにメカニカルブースターポンプは荒引きポンプ（この場合はオイルロータリーポンプ）の補助ポンプとして働くわけですが，同時にオイルを使わないドライポンプです。ロータはどこにも接触していないので，オイルで潤滑

する必要がありません。オイルロータリーポンプからのオイル上がりによる汚染はここで食い止められ，チャンバに逆流することが少なくなります。しかしオイルによるシール作用もないため，あまり圧縮することはできません。

ウェットポンプとドライポンプ

　オイルロータリーポンプなどオイルを使っているものを総称してウェットポンプと呼びます。オイルを使っているためいろいろな問題を引き起こします。

　1つはオイル汚染です。高真空でもオイル蒸気を発生しにくいものが開発されていますが，基本的にゼロになりません。汚染の危険性は残ります。2つ目はメンテナンスの問題です。定期的にオイル交換が必要で，そのコストや人件費，廃棄物処理などが問題となります。半導体プロセスではいろいろな副生成物ができて，オイルの中にも混入するため安全にも注意が必要です。エッチングプロセスではポンプ中によくフッ酸ができます。CVDプロセスで引火性，爆発性，発がん性の副生成物ができる場合もあり，大変危険です。

　オイルを使わないドライポンプはこれらの問題をかなり解決します。ドライポンプは荒引きポンプの代表であるオイルロータリーポンプと入れ替えなくてはならないため，性能も同等以上が要求されます。ちなみにオイルロータリーポンプの圧縮比を計算してみましょう。

　到達真空度を1mTorrとすると，これを圧縮して大気圧以上にして放出しているので，圧縮比は$760 \div 1 \times 10^{-3} = 760000 : 1$になります。薄いガスを76万倍に圧縮しているわけです。ドライポンプの候補であるメカニカルブースターポンプの圧縮比はせいぜい100:1なので勝負になりません。76万:1以上にしなくてはいけないので直列に接続します（**図3.9**）。

　仮に圧縮比が100:1だとすると，2段目の出口までで圧縮比は10000:1，3段目出口では1000000:1になります。3段接続すればオイルロータリーポンプと同等以上になります。これは理想的な場合であって，実際にはそうはなりません。各圧縮機の出口にあるコイル状のものはインタークーラーです。ガス

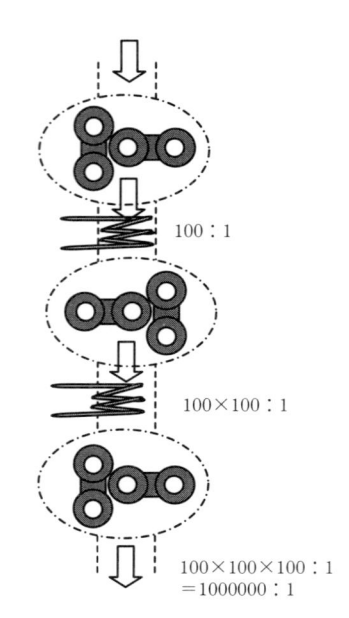

図 3.9　多段圧縮によるドライポンプ

は圧縮すると膨張してしまいます。膨張すると密度が薄くなり圧縮効率が落ちるので，冷却しながら圧縮していきます。自動車のエンジンに採用されているインタークーラーターボと同じ理由です。

　圧縮機の形は2ローブ形と3ローブ形が一般的です（**図 3.10**）。ローブとは木の葉1枚1枚の意味です。他の方式としてはクロー（爪）形があります（**図 3.11**）。動物の爪をクローと言うことから来ています。爪で掻き込むような動作をするのでポンプ内に堆積する副生成物に強いため，エッチング装置やCVD装置に用いられます。振動と騒音対策で排気口に消音器（サイレンサ）が付くことがあります。

　図 3.12 はスクリュー（ネジ）により圧縮し，ポンプを実現するものです。冷凍機では古くから使われている技術ですが，半導体用ドライポンプで見られ

2. 各種ポンプの原理と構造

２ローブ形　　　３ローブ形

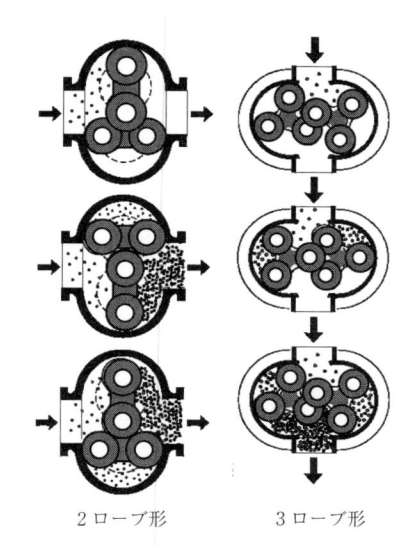

図 3.10　２ローブ・３ローブ形ドライポンプ

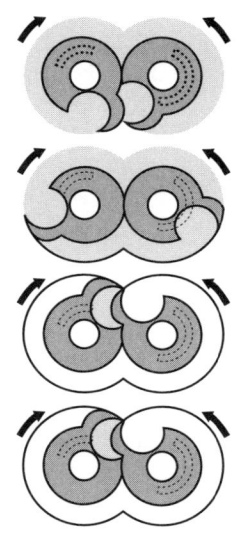

図 3.11　クロー形ドライポンプ

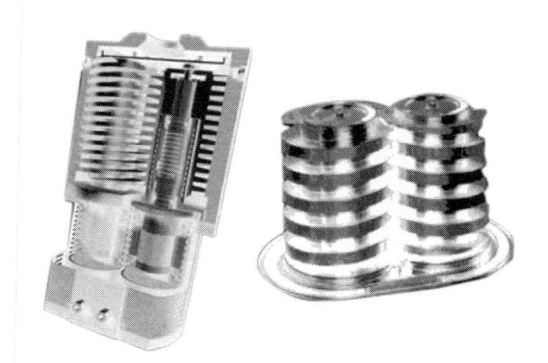

図 3.12　スクリュー形ドライポンプ（大阪真空機器製作所提供）

ます。このほかに，スクロール方式やレシプロ方式（車のエンジンのようなピストン）の圧縮機によるドライポンプも検査装置や測定機に使われています。

ターボ分子ポンプ

　ターボ分子ポンプは分子流の領域をカバーするポンプで，構造はターボジェットエンジンと同じ圧縮機です（**図 3.13**）。高速で回転する翼がガス分子を捕らえて排気します。ガス分子は熱エネルギーを受けて高速で空間を飛びまわっていて壁に当たると圧力を生じますが，それがチャンバ圧力として観測されているわけです。ターボ分子ポンプの回転翼はガス分子の飛びまわるスピードより速くないと翼の間をすり抜けてしまい，うまく排気できません。回転翼で叩いて運動エネルギーを与えて，押し込むイメージです。

　ターボ分子ポンプの構造を**図 3.14** に示します。回転翼はロータとも言い，モータにて駆動されます。それと逆ピッチで固定翼（ステータ）があり，これらは対になっています。何段かのロータとステータの対がサンドイッチ状に配置されています。これは，分子流の領域ではガス分子はすべてポンプへ向かうわけではなく，バックストリームという逆の流れが存在するためです。バックストリームは排気能力を低下させ，またチャンバ汚染などを引き起こすので，

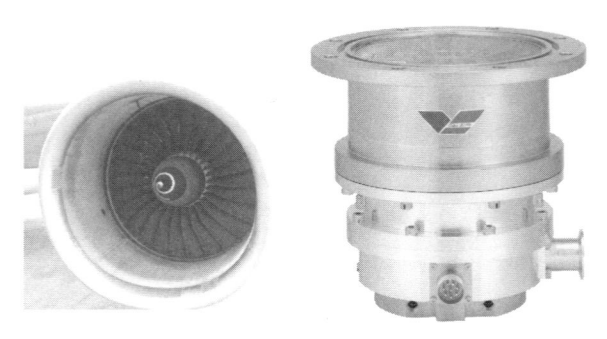

図 3.13　ジェット機のターボエンジンとターボ分子ポンプ
（大阪真空機器製作所提供）

2. 各種ポンプの原理と構造

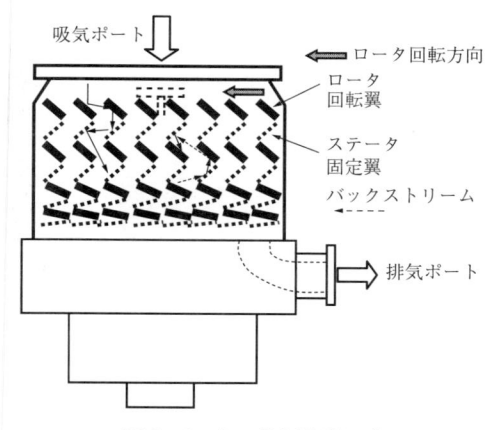

図3.14 ターボ分子ポンプ

何らかの対策が必要です。ステータとロータの対構造により，バックストリームを再び打ち返して次段へ行くようにデザインされています。分子流を扱う装置はこのような対策が施されています。

図3.14では排気ポートに近付くにつれ翼の角度が水平になってきています。これは，吸気側ではガス分子を翼で捉えて下方へ送りやすく，排気ポート近くでは圧縮率を保ちながらバックストリーム対策をした結果です。このあたりのデザインは各メーカーの思想によります。

ターボ分子ポンプは小型で高速回転のものほど大きな遠心力に耐えなくてはなりません。これは周速度を上げないと排気能力が稼げないためです。大きなターボ分子ポンプでは周速度が容易に得られるので，低速でも排気能力を出すことができます。翼の付け根には巨大な力が作用します。

翼の作り方として，円盤状のアルミに切り込みを入れてから曲げて加工し，熱処理して歪みを緩和しているものと，アルミブロックから削り出しするものとがあります。機械加工中に歪みが入ると機械的強度が低下し，翼が破壊するなどのトラブルになります。現在は信頼性のため，ブロックからの削り出しで

図 3.15　ステータ（固定翼）

翼を作ることが多いようです。図 3.15 にステータの写真を示します。

　ターボ分子ポンプでは，水素などの軽い気体は空間を飛びまわるスピードが速いので，羽で捕まえにくく排気能力が落ちます。よって気体の種類で排気能力が異なります。カタログなどで各気体に対する排気能力を確認しておくことも大切です（図 3.16）。P–S 曲線は N_2 に対するものや H_2 に対するものなどが用意されています（図 3.17）。

　ロータは高速で回転していますので，磁気浮上ベヤリングなどが採用されています。使用例としては荒引きポンプで大気圧から排気し，中真空度に達した後，チャンバを 150 mTorr 付近から 10^{-7} Torr 台まで真空引きします。広域ターボは低速側 15000 rpm 台から排気が働き，常用 50000 rpm が多いようですが，90000 rpm 以上の高速タイプもあります。圧縮比はガスの種類によりますが，10^6 以上と高く取れます。油蒸気などの高分子量材は 10^{10} 以上にもなると言われ，そのため油蒸気の分圧を低くでき，プロセスにとって有利です。図 3.18 に複合ターボ分子ポンプの構造を示します。下段はスクリュー方式の圧縮機になっていて広域での排気能力性能を高めています。いかに低速，広いレンジで排気能力を出すかが設計の鍵になります。

2. 各種ポンプの原理と構造

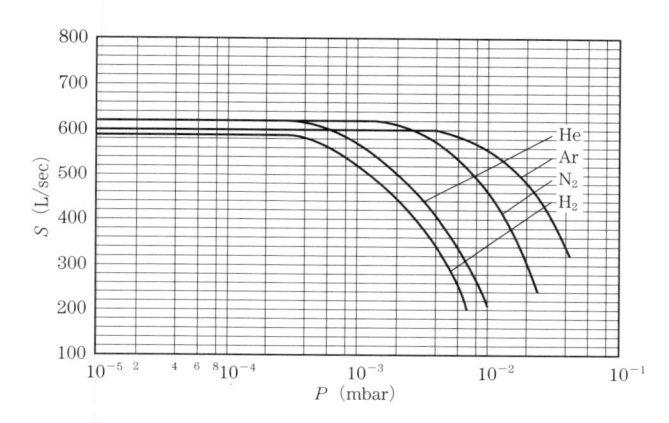

図 3.16 ターボ分子ポンプガス種による P–S 曲線例（エリコンライボルト社提供）

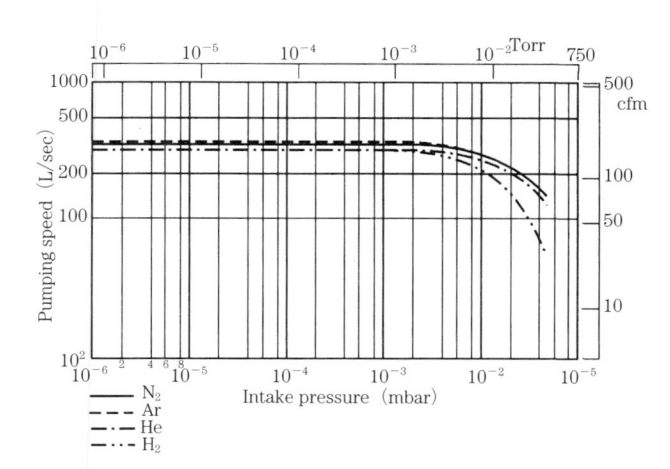

図 3.17 ターボ分子ポンプ P–S 曲線の例（エリコンライボルト社提供）

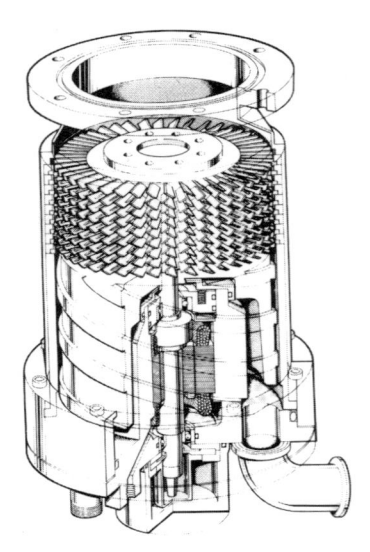

図 3.18　複合ターボポンプ（大阪真空機器製作所提供）

クライオポンプ

　変わり種はクライオポンプでしょう（図 3.19）。溜め込み型のポンプの代表で，15 K（−258℃），80 K（−193℃）といった極低温面へガスを凝縮吸着させて排気するポンプです。高真空で大排気能力，可動部分はなく，クリーンで理想的なポンプです。もちろん大気からは使えませんし，溜め込みには限界があり，定期的に加熱して吸着物を飛ばして再生させなければなりません。しかし構造も簡単で安全でもあるので，すばらしいポンプと言えます。冷却用のHeは特に面白いガスで，このガスの特徴をよく考えて作られたポンプです。

　永久気体と呼ばれるHeを圧縮—膨張させて冷却します。そのためHeコンプレッサが必要です。図 3.20 は各気体の蒸気圧曲線ですが，窒素 N_2 より蒸気圧の低い気体は，20 K 以下では 10^{-8} Pa（10^{-10} Torr）以下になります。極低温

2. 各種ポンプの原理と構造　67

図 3.19　クライオポンプ（エリコンライボルト社提供）

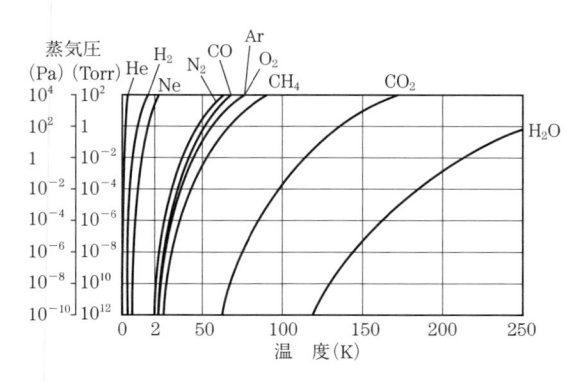

図 3.20　蒸気圧曲線

でも吸着しにくい He, Ne, Ar などは活性炭などの吸着材に吸着させます。

（1）　クライオポンプの仕組み

クライオポンプの真空引きメカニズムは次の3つです。

① コンデンス（凝縮），ガスが固体になると体積は急激に小さくなる，すなわち真空になります。

② クライオトラッピング，軽い分子などは凝縮しませんが，他の重い凝縮

性のガスに封じ込められることで排気されます。

③　クライオソープション，He，Ne，H_2 は気体のままでは凝縮しません。これらは活性炭などに吸着させて排気します。

なお，クライオ（Cryo）とはギリシャ語で"冷たい"という意味があります。

図3.21にクライオポンプの構造図を示します。ヘリウムが膨張して冷却される所はコールドヘッドと呼ばれ，2段階に分かれています（図3.22）。1段目は冷凍能力の大きいファーストステージで，30 K 程度まで冷やされます。2段目はセカンドステージで，冷凍能力は小さいですが 10～12 K まで冷却されます。これらの部品は熱伝導性の良い銅にニッケルコートされたもので，各部品はインジウム合金で接続されています。これらは内部が黒化処理されたサーマルラジエーションシールドと呼ばれる円筒形の筒に納められていて，コールドヘッドの第一ステージと熱伝導によって間接的に冷やされます。またシールドの入り口は 80 K アレーというバッフルになっています。約 100 Pa（0.75 Torr，1 mbar）以下の圧力では熱負荷の多くは放射（輻射）熱によるものなの

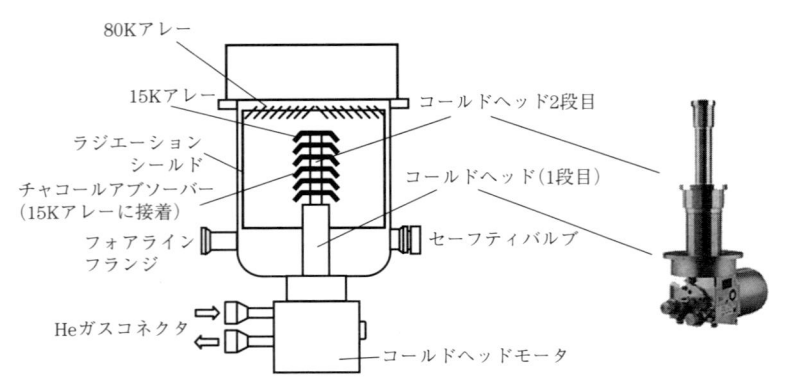

図 3.21　クライオポンプ内部構造

図 3.22　コールドヘッド（2段膨張型）（エリコンライボルト社提供）

2. 各種ポンプの原理と構造

① ディスプレーサが上点に達し冷却領域V_2が最小になります。ヘリウム供給側バルブが開、リターン側（排気側）が閉でガスがリジェネレータ（蓄熱器）を通してV_2側へ流れ込みV_1側が暖められます。

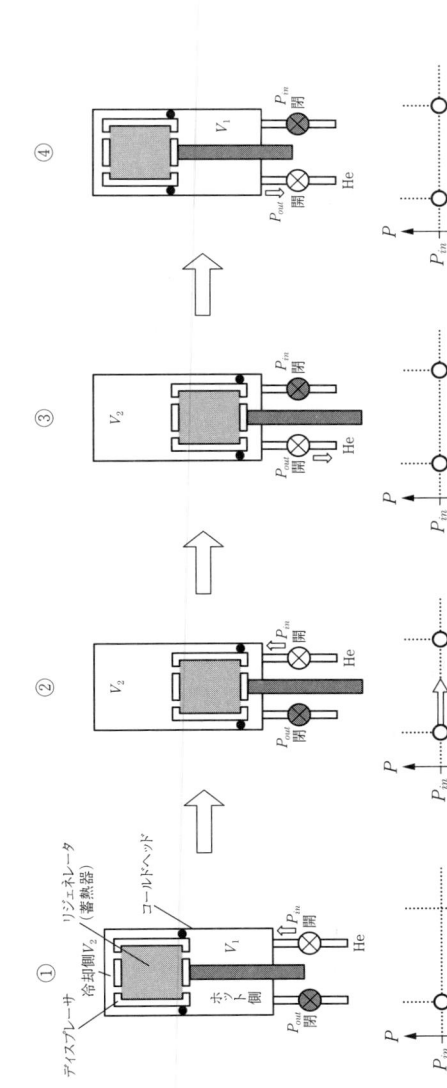

② P_{out}側のバルブを閉にしたままでディスプレーサが下点まで移動し、ガスをV_1からリジェネレータを通してV_2へ噴出させます。ここでV_2は最大容積になります。

③ P_{in}側のバルブが閉になりP_{out}側のバルブを開にします。ヘリウムガスが膨張し圧力がP_{in}からP_{out}に下がり、冷却されます。膨張したヘリウムガスが周辺から熱を奪って低圧リザーバへ流れ込み蓄圧リザーバレッサに戻ります。

④ P_{out}側バルブ開のままディスプレーサが上点まで移動し、V_2側のガスがP_{out}側へジェネレータで冷却します。またV_2側へ流れ込み低圧リザーバへ流れ込みコンプレッサに入ります。これで1サイクルが完了します。

図 3.23 クライオポンプ冷凍サイクル

で，ラジエーションシールドはこれを防ぐ目的で付けられています。これによりシールド内で反射して15Kアレーに入射するのを防ぎます。ラジエーションシールドと80Kアレーは50Kから80Kの間で冷やされます。クライオポンプ内にはこの他，温度計測用のシリコンダイオードセンサやサーモカップルセンサなどが組み込まれています。クライオポンプの冷凍サイクルは図 3.23 を参照してください。

図3.23はシングルステージ（1段膨張型）での原理図ですが，実際にはセカンドステージをもった2段膨張型になっています。図 3.24 にコールドヘッドの構造概念図を示します。

クライオポンプの種類によりますが，一般にファーストステージのリジェネレータ（蓄熱器）には銅―青銅，セカンドステージは鉛の粒が使われています。

クライオポンプでは各部で吸着するガスの種類は決まっています。80Kアレーはバッフル板構造になっていて，コールドヘッドからの熱伝導により間接

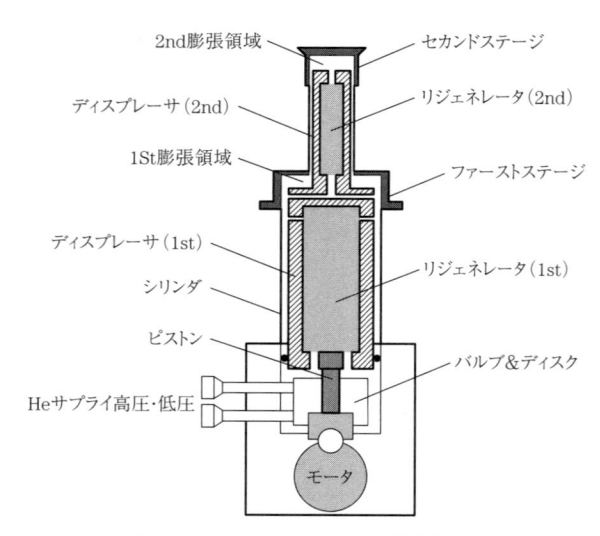

図 3.24　コールドヘッドの構造概念

的に冷やされます。水蒸気，炭化水素（クラスⅠガス），80 K（-193℃）で凝縮するガスを捕集するものです。15 K アレーはクライオポンプの中心となる部分で，コールドヘッド2段目セカンドステージで冷やされ，グラスⅡガス（N_2, O_2, Ar, CO_2）を捕集します。15 K アレーには活性炭のチャコールアブソーバーが接着されていて，クラスⅢガス（H_2, He, Ne）を捕集します。

（2） 使い方

クライオの再生時期は装置で管理します。一例を挙げます。**図 3.25** でチャンバ圧力をモニタすると，プロセス中とアイドル中では図のように変化します。プロセス終了後（ここではスパッタを例に挙げる）は速やかにベース圧力に戻りますが，再生時期に近付くとベース圧力に戻るまでの時間が長くなっていきます。この時間をリカバリータイムと言います。あるスペックを設け，リカバリータイムが一定以上になった場合に再生時期とします。他の再生時期としては，到達真空度で見る場合や，15 K アレー，80 K アレーの冷却温度上昇などがあります。

クライオポンプは溜め込み式のポンプと言われます。ゴミ箱のようなもので，溜め込める量には限度があります。クライオポンプ内部に吸着したガスを放出して空にすることを，再生またはリジェネレーション，または略してリジェネと言います。

クライオ遮断バルブＶ１を閉にしてクライオポンプとチャンバを切り離し，

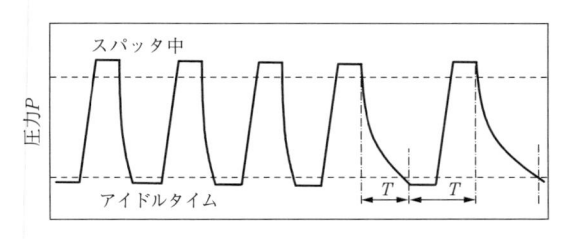

図 3.25 リカバリータイム

ポンプをオフにしてヘリウム供給を停止します。クライオポンプ内にあるヒータをオンにして加熱し，吸着していたガスを放出します。内部圧力が 50〜100 Torr（7〜14 kPa）程度になるとパージバルブが開いてガスを逃します。70℃低程度のホット N_2（窒素）を導入して加熱するものや，外側に巻いたヒータで加熱して時間を短縮するものもあります。

　荒引きポンプでクライオポンプを真空引きします。一定時間が経過するか，真空度が基準値に達したら V3 バルブを閉じます。この時，真空ゲージが上昇（1 Pa/min 程度のことが多いようです）しなければ吸着したガスはすべて放出したことになります。もしまだ圧力の上昇が見られたら，リジェネ不足なので再び加熱や真空引きを続けます（図 3.26）。通常は 1 回のリジェネでスペックに入ります。

　リーク量が基準値を満たしたらリジェネは終了と判断します。クライオポンプ内部を荒引きし，メーカーによる推奨圧力にもっていきます（40 Pa 程度）。

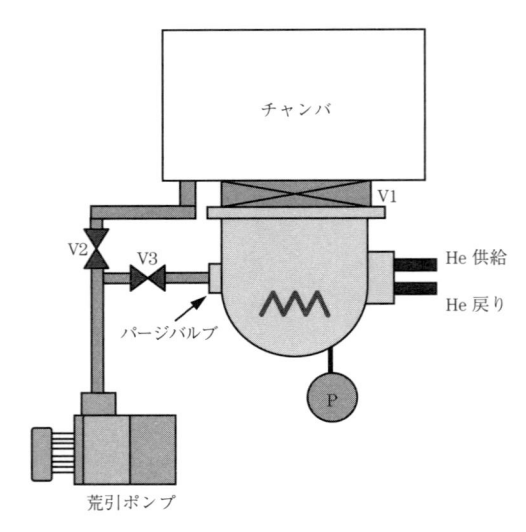

図 3.26　クライオポンプの再生①

2. 各種ポンプの原理と構造

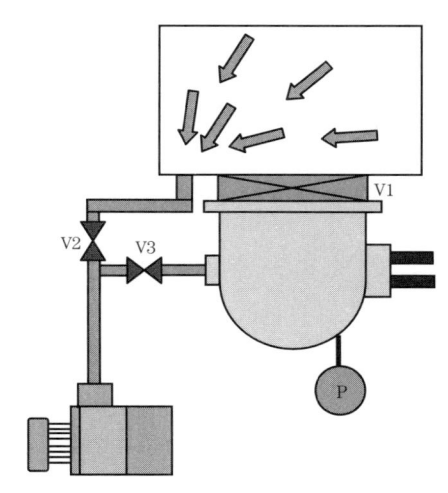

図 3.27 クライオポンプの再生②

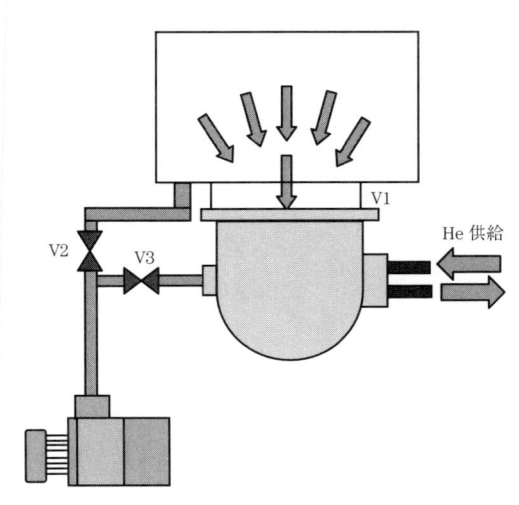

図 3.28 クライオポンプの再生③

次にクライオポンプを起動させます。メーカーと機種により異なりますが，おおむね 15 K アレーが 20 K 以下になるとクライオポンプは動作状態になります。V 2 を開けチャンバをクロスオーバー圧力になるまで真空引きします（図 3. 27）。

　真空度がクロスオーバー圧力に達したら V 2 を閉じ，V 1 を開にしてクライオポンプにて真空引きを開始し生産へ復帰させます（図 3.28）。

　クロスオーバー圧力とは粗引きから本引きに移る時の圧力で，最大許容気体流入量（Pa・L，Torr・L）値で決まります。クライオポンプはこの値が大きくなっています。チャンバの容積を V（L），最大許容気体流入量を Q_{max} とすると，クロスオーバー圧力 P_c は $P_c = Q_{max}/V$（Pa，Torr）で計算されます。実際には安全を見込んで，この式の 1/2 程度で決めているようです。

　クロスオーバー圧力は機種により異なります。クライオポンプはガスの種類によって排気速度とどのくらい溜め込めるかが違うので，これらはカタログなどで確認してください。

（3）その他

　クライオポンプは再生時にガスを放出し内部圧力が上昇するため，危険な場合があります。安全弁が取り付けられていて作動圧力は 20 kPa 程度ですが，リークするからといって塞いだり改造したりしないでください。

　半導体ではインプラ時に主に発生する水素や PVD でのアルゴンガスがメインとなると思いますが，危険性ガスを排気する場合には十分な注意が必要です。爆発性のガスの再生ではこれらが出てくるので，着火源があれば爆発を起こします。イオンゲージのフィラメントやヒータなどによる引火を起こさせないようにします。シラン（SiH_4），アルシン（AsH_3），ホスフィン（PH_3），ジボラン（B_2H_6），水素（H_2）などは燃焼範囲が広く，下限は 4 % から上限は 98%（Vol%）まで広がっています。酸素やオゾン（O_3）は禁止しているポンプメーカーもありこれらは推奨されませんが，N_2 ガスなどを排気ラインに導入し十分希釈し

て流すことが必要です。

　最後にPVDで用いるアルゴンのハングアップについて少し述べます。80 Kアレーは間接冷却のためアイドル時間が長かったりするとより低い温度になります。65 K以下ではアルゴンが吸着されますが，少しの温度変化で飽和蒸気圧が上がり，アルゴンが再放出されてしまいます。これは排気速度の低下になります。アルゴンはより低温側の15 Kアレーで吸着してもらわなくてはなりません。この目的から80 Kアレー側をヒータで温度制御しているポンプもあります。

ディフュージョンポンプ（拡散ポンプ）

　今ではあまり使われなくなりましたが，ディフュージョン（拡散）ポンプという超高真空領域で使用されるポンプがあります（**図3.29**）。中学の理科の実験などで減圧蒸留の時に使うアスピレータと原理は同じです。アスピレータは水道水の噴射で空気を引き込んで真空を作りますが，拡散ポンプは音速の2倍以上にもなるオイル蒸気を使います。オイルの蒸気噴射でガスを圧縮して排気させるものです。

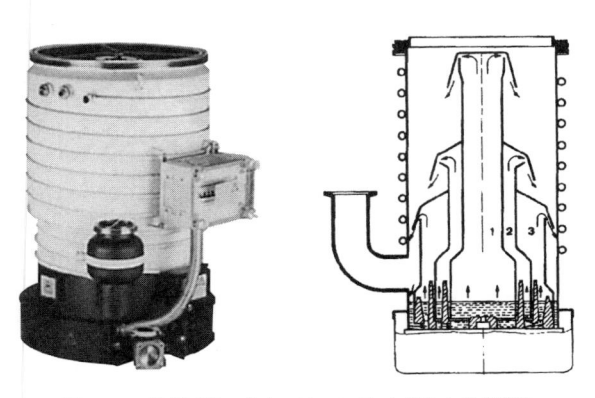

図3.29　拡散ポンプ（エリコンライボルト社提供）

古くからあるポンプで，構造も簡単で手軽に超高真空が作れます。しかし，オイルの逆流による汚染の危険性やメンテナンス，立ち上がりに時間がかかるなどの問題もあり，ターボ分子ポンプなどに取って代わられました。古い装置や電子顕微鏡，リークディテクタなどの一部に使用されています。ディフュージョンポンプのP-S曲線を**図3.30**に示します。

ポンプ下部はボイラー構造になっていて，オイル溜めがあり，ヒータにより加熱され，蒸気を発生します。蒸気は上昇して，チムニーと呼ぶ煙突状の隙間からジェット流となって噴出します。チムニーは何段か積み重なっているだけの構造で，とてもシンプルです。

ポンプ外壁には水冷管が巻き付けられていて，ここで冷却してもとのオイルになり，オイル溜めに戻ります。オイルの蒸気上がりを防ぐため，上部は冷却トラップやバッフルを設けています。オイルは200℃以上になり酸化されるため，定期的なオイル交換が必要です。また停電などで冷却が止まったような場合には，オイル汚染が発生してしまいます。筆者も何度か泣かされた経験があります。

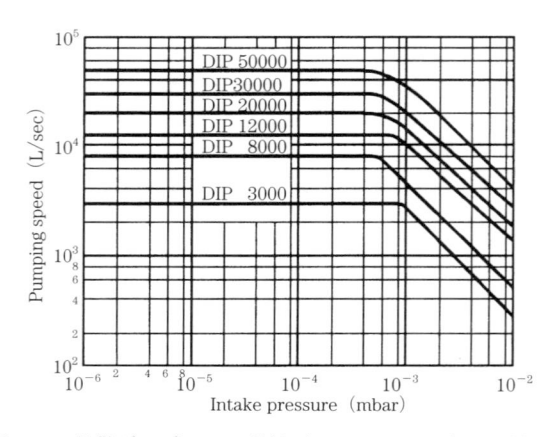

図3.30　拡散ポンプのP-S曲線（エリコンライボルト社提供）

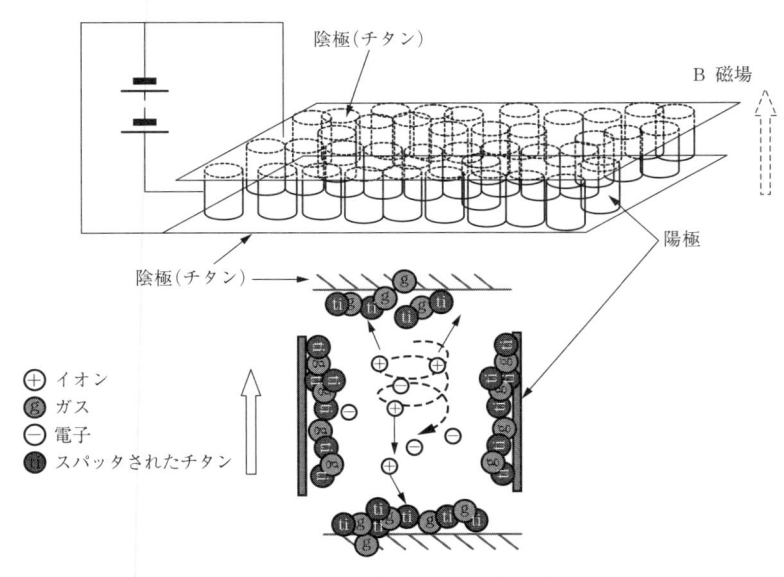

スパッタイオンポンプ

　スパッタイオンポンプはペニング放電と同じ原理です。放電によって作られた電子がガス分子と衝突してイオン化し，イオンが陰極へ衝突してチタンを叩き出します。チタンは陽極面などに付着して清浄なチタン膜を形成します。このチタン面がゲッター作用によりガスを捕集して排気します。また，イオン化したガスもチタン膜にもぐり込んで捕獲されることによってポンプ効果が出ます。

　高真空を作ることができ，可動部分もなく優れたポンプです。半導体産業では電子顕微鏡や分析器，測定器で高真空を必要とする場所に使われています。イオン電流をモニタできますが，これは同時に真空ゲージにもなっています

図 3.31　スパッタイオンポンプ

イオンポンプ
(並列2機)

図3.32　電子顕微鏡(SEM)への搭載例

(図3.31)。図3.32に電子顕微鏡への搭載例を示します。

バッキングポンプ

　通常装置ではチャンバ直下にターボ分子ポンプが，次段にはメカニカルブースターポンプが，最終的に荒引きポンプとしてオイルロータリーポンプかドライポンプがあります（図3.33）。メーカーの装置では，プロセスに合わせて最適な組み合わせになるようにセットして供給されるので，心配する必要はあまりありません。自分でポンプを選定したり，別のものに置き換える場合には少し考慮しなくてはなりません。

　ポンプのカタログにさまざまなデータが載っています。到達真空度，最も重要と思われるP–S曲線，P–Q曲線，そして最大許容圧力は吸い込めるガスの圧力です。これ以上ではポンプは使用できないというものなので，荒引きポンプでこれ以下になるまで排気してから切り替えます。最大ガス流量はQ_{max}で容量です。半導体で便利なsccm表記とPa·L/sec，Torr·L/secなどがあります。臨界背圧はポンプ出口の圧力で，これ以下でないと排気がうまくできないということです。カタログでは推奨補助ポンプという項目で，次段に取り付けるべきポンプの能力が書かれています。これらの関係は簡単な計算で確認することができます。

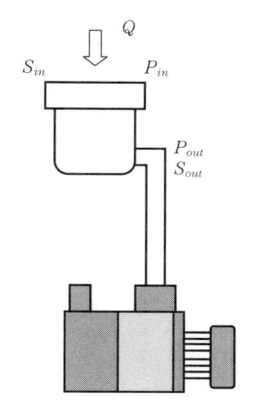

図 3.33　バッキングポンプ

ここで，ターボ分子ポンプの排気速度を S_{in}，吸気側圧力を P_{in}，排気側の排気速度 S_{out}，圧力を P_{out} とすると，$S_{in} \times P_{in} = S_{out} \times P_{out} = Q$ ですから，

$$P_{out} = \frac{Q}{S_{out}} \tag{3.1}$$

P_{out} は臨界背圧であり，S_{out} は排気部での排気速度になります。P-Q 曲線や P-S 曲線から，これに見合ったポンプを選定して次段に取り付ければ良いことになります。実際には配管やバルブによる損失，配管に付着するであろう副生成物による詰まりなどを考慮して，十分なマージンをもって決めます。

第4章

真空ゲージとその使い方

1 真空ゲージとは

真空ゲージには機械的変形を応用したもの（ブルドン管），熱伝導を利用したもの（TC，ピラニー，サーミスタ，コンベクトロン），ダイヤフラムの変形から容量の変化で測定するもの（キャパシタンスマノメータ），イオン電流を測定するもの（イオンゲージ）などさまざまな種類があります。その原理や特質を知って使用することが大切です。**表 4.1** は半導体産業で主に用いられている各種ゲージです。

図 4.1 に半導体でよく用いる主なゲージとその計測範囲を示します。種類が多いように思いますが，適材適所で用いています。詳しくは各ゲージの項目で解説しますが，簡単に言うと，コンベクトロンゲージはロードックチャンバやプロセスチャンバが大気圧，またはどの程度の真空度かを計測するためのものです。ピラニゲージも同様ですが，センサ自体がフィラメントのため，低真空側では酸素の影響で焼けてしまう恐れがあるので使用しません。一般に空気を真空引きしているチャンバなどを対象にします。TC（サーモカップルゲージ）は中真空用で，やはり対象は空気です。これらのゲージは熱伝導を使って

表 4.1　半導体産業用真空ゲージ

ゲージの種類	動作範囲		測定原理	応用箇所
	Pa	Torr		
U字管マノメータ	$10^5 \sim 10^2$	$760 \sim 1$	液柱差測定	ドラフトチャンバ
マクラウド真空計	$10^3 \sim 10^{-4}$	$10 \sim 10^{-5}$	圧縮による液柱差測定	ゲージの校正
ブルドン管真空計	$10^5 \sim 10^3$	$760 \sim 10$	圧力による弾性変形	ガスレギュレータ
キャパシタンスマノメータ	$10^3 \sim 10^{-2}$	$10^3 \sim 10^{-5}$		プロセスチャンバ
ピラニゲージ	$10^4 \sim 10^{-2}$	$20 \sim 10^{-4}$	ガス分子による熱伝導	ロードロック
TC（熱電対）ゲージ	$10^2 \sim 10^{-1}$	$1 \sim 10^{-3}$		クライオポンプ再生時
サーミスタゲージ	$10^2 \sim 10^{-1}$	$1 \sim 10^{-3}$		今ではあまり使わない簡易リークディテクターなど
B-Aゲージ（イオンゲージ）	$10^{-1} \sim 10^{-8}$	$10^{-3} \sim 10^{-10}$	熱電子による電離作用でイオン電流を測定する	プロセスチャンバ
モジュレータB-A型	$10^{-1} \sim 10^{-10}$	$10^{-3} \sim 10^{-12}$		半導体ではあまり使わない
エクストラクタ型	$10^{-1} \sim 10^{-12}$	$10^{-3} \sim 10^{-14}$		半導体ではあまり使わない
ペニングゲージ	$1 \sim 10^{-5}$	$10^{-2} \sim 10^{-7}$	マグネトロン放電電流	電子顕微鏡
マグネトロンゲージ	$10^{-4} \sim 10^{-11}$	$10^{-6} \sim 10^{-13}$		

間接的に真空度を測るもので，感度がガスの種類で変化するため，N_2を1として校正されています。キャパシタンスマノメータは薄いダイヤフラムの変形で電極間の容量変化を捕らえ，間接的に真空度を測定するものです。感度はガスの種類に関係しないため，プロセス圧力のモニタと制御に使用されます。

　イオンゲージ（電離真空計）はイオン電流を計測して間接的に真空度を測るもので，チャンバのベース圧力の測定に用います。PVDやインプラ装置では真空度が重要になってくるので，少しのリークや残留ガスも許されません。高

1. 真空ゲージとは

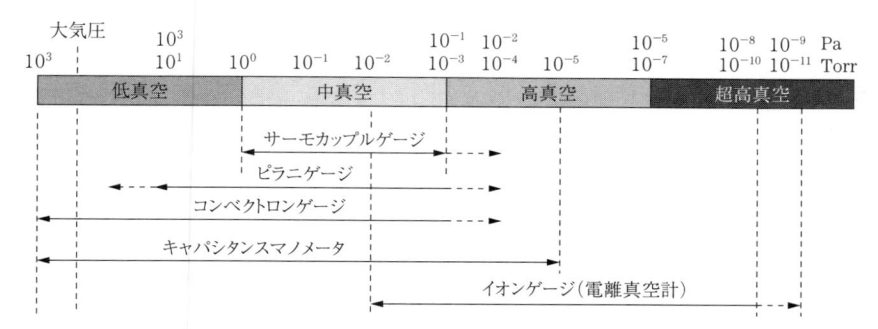

図 4.1　主なゲージの計測範囲

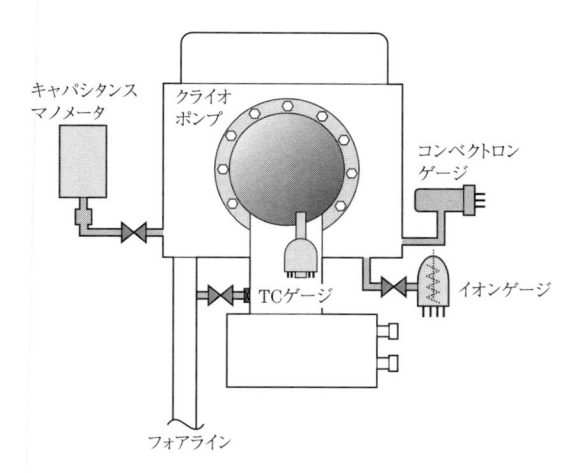

図 4.2　チャンバ周辺の真空ゲージ（PVD）

真空から超高真空までをカバーするものはイオンゲージ以外にはありません。半導体装置では一般に B–A ゲージというものを使用します。モジュレータ型やエクストラクタ型はそれ以上の超高真空の計測に用いるので，研究開発は別として生産現場ではあまり使用されません。

図 4.2 は最も高真空を必要とする PVD 装置チャンバまわりでのゲージ使用

例です。TCゲージはクライオ再生の時などに使用されています。

2 各種真空ゲージの原理と構造

マノメータ

　U字管に水銀やオイルを封入し，一方を大気に，他方を測定対象に接続して差圧をよむタイプのゲージがあり，それをマノメータと称しています。ドラフトチャンバやスクラバーのチャンバ，ガスキャビネットなどの排気状態をモニタしたりします。また脱臭機のフィルタの前後に挿入して，差圧から目詰まりなどをチェックすることもあります（**図4.3**，**図4.4**）。

図4.3　マノメータ

ガスレギュレータ

　ガスレギュレータなどに使われるゲージは，ブルドン管という弓形に曲がった管の機械的変形によって計測するタイプです（**図4.5**）。管は扁平になって

2. 各種真空ゲージの原理と構造

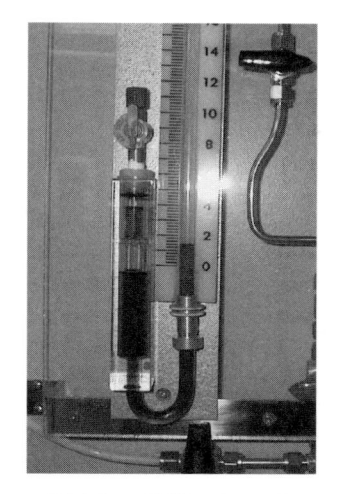

図 4.4　U 字管マノメータ

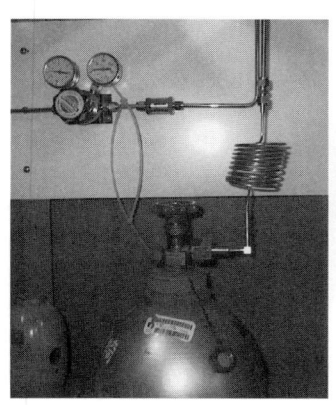

図 4.5　ブルドン管ゲージと使用例

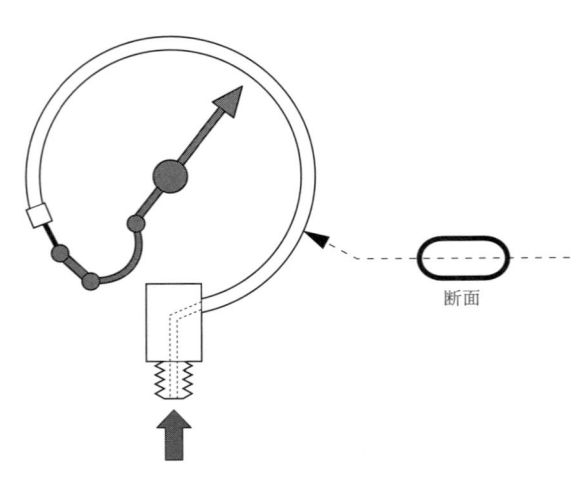

図 4.6　ブルドン管ゲージの原理

いて，圧力が加わるとブルドン管が外側へ変形しますが，先端に付いている"てこ"で増幅して針を振らせます。腐食性のガスでは溶接部に穴があくことがあります（**図 4.6**）。定期的にチェックをして使用します。

熱伝導ゲージ

　熱伝導を応用して真空度を計測するものにはTCゲージ，ピラニゲージ，コンベクトロンゲージ，サーミスタゲージなどがあります。熱伝導ゲージの原理はどれも同じようなものです。

（1）　TCゲージ

　サーモカップルゲージ（TCゲージ）は熱電対（サーモカップル）を使ったものです。熱電対は異種の金属を接続して接続点の温度をそれぞれ T_1, T_2 といったように保つと，内部に起電力が生まれ電流が流れるものです。起電力は温度差に比例するので一種の温度計です。サーモカップルの一方にヒータを結

図 4.7　TC ゲージの原理

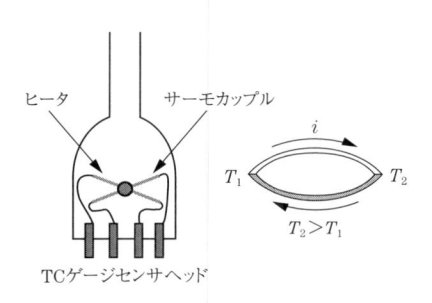

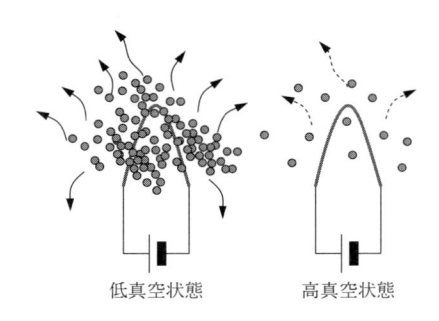

図 4.8　熱伝導ゲージの原理

合して加熱します（図 4.7）。

　図 4.8 の左側のように低真空状態でガス分子が多数存在している場合には，ガス分子が熱を伝えて運んでくれるので温度は上がりません。冷却がうまくいっているような状態です。サーモカップルの起電力も低い状態です。一方，真空度が上がってくるとヒータの周辺にはガス分子が少なくなり，熱を伝えるものがなくなるので，温度は上がります。サーモカップルの起電力も大きくなります。サーモカップルの起電力，あるいは電流をモニタすれば，間接的に真空度が測定できます。

（2）　ピラニゲージ

　ピラニ真空ゲージでは，ヒータ自体がセンサになっています（図 4.9）。材質は白金です。白金温度センサというものがありますが，金属の抵抗は温度と正比例するので，抵抗を測定すると温度がわかります。温度計ですが，同時にヒータでもある点が TC ゲージと異なっています。中をのぞくとシンプルに白金線が折りたたんで入っています。実際には抵抗値を測るのではなく，温度が一定になるように電流をコントロールしていて，この電流値から真空度を測定します。この方式の方が安定していて正確に測定できます（定温度ピラニ）。

　ピラニゲージはヒータが素子になっているため，低真空側では空気中の酸素

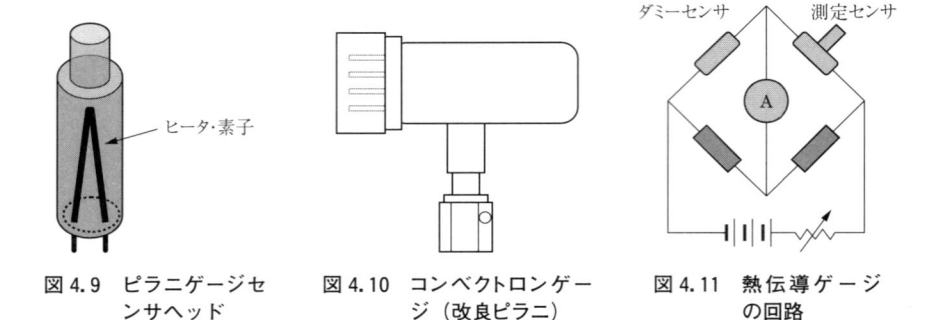

図4.9 ピラニゲージセンサヘッド

図4.10 コンベクトロンゲージ（改良ピラニ）

図4.11 熱伝導ゲージの回路

により酸化されてしまいます。そのため作動範囲は 20 Torr 以下くらいが多いようです。これを改良して大気圧以上でも使えるようにしたものがヘリックステクノロジー社から出ているコンベクトロンゲージです（**図4.10**）。酸化しにくいような材質を用いています。半導体装置では，特にロードロック室（真空予備室）を大気に戻す時に窒素パージにより一時的に大気圧より高圧になる場合があるため，このような箇所へは最適なゲージです。**図4.11** は熱伝導ゲージの回路です。回路はブリッジになっていて熱の影響をなくすためダミーセンサとブリッジの1辺を形成しています。取り付け方向があるのでマニュアルに従ってください。ちなみにコンベクトロンは"対流"を意味する言葉です。

　熱伝導を利用して間接的に真空度を測定するタイプのゲージでは，熱伝導度の違いからガスの種類により感度が異なります。**図4.12** は熱伝導ゲージの例で，メーカーから出ている表です。低圧側では直線的に変化していますが，高圧側では急激な変化を示し，直線上に乗りません。これは対流に原因があると思われます。100 Pa（0.75 Torr, 1 mbar）以上の高圧側では，一般に誤差が多くなると考えてください。

　熱伝導を利用したゲージにはピラニー，TC，サーミスタ，コンベクトロンがあり，N_2 で感度が校正されています。N_2 以外は校正表で調べるか，キャパ

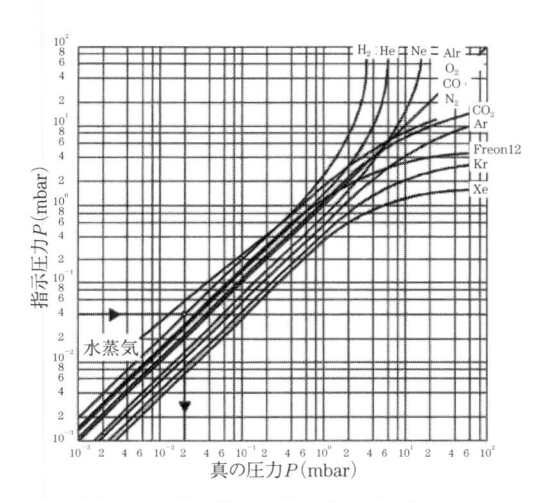

図 4.12　熱伝導ゲージの感度校正表の例
（インフィコン社提供）

シタンスマノメータを使用して校正します。ただし，現実の応用としては真空引き中のチャンバの真空度を測定することがほとんどと思われ，空気では窒素と酸素が主な成分なので，実用上問題はないと考えられます。

キャパシタンスマノメータ

　キャパシタンスマノメータは，圧力によりダイヤフラムが変形することで変化する静電容量から真空度を測定するものです。熱伝導方式ではなく，直接ガスの圧力で機械的な変形による静電容量の変化をモニタします。キャパシタンスマノメータはMKS社のバラトロンが有名ですが，他に数社から同様のものが発売されています。ガスの種類による感度差はありません。したがって，プロセス圧力のモニタに使われます。

　熱伝導ゲージと異なり測定系にヒータもないので，大気圧以上の1000 Torrから測定できます。測定レンジの小さなものはダイヤフラムが薄くできていま

第4章　真空ゲージとその使い方

対向電極　ダイヤフラム

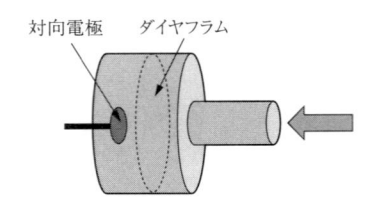

図4.13　キャパシタンスマノメータ

す。機械的に弱いので，過激な圧力を与えたり落としたりしないよう注意してください。ポートへ接続するために1/2インチ口径SUSパイプが取り付けられています。この部分はダイアフラムが溶接されているセンサ部と一体構造になっています。スウェージロックなどで取り付けると配管に食い込んで変形させるので，センサ全体に歪みが入ってゼロ点がシフトしたり，直線性が確保できなくなる恐れがあります（**図4.13**）。

　ダイヤフラムを格納している部分は1つの真空容器で，プロセスで使用する塩素や臭素ガスによって，腐食や錆といったものを発生させます。同時に発生する副生成物が内側に付着してゼロ点をシフトさせたり，ドリフトを起こさせたり，また直進性を悪くしたりして感度が変化してしまいます。対策としてモネル，インコネルといった耐腐食性のある材質を使うこと，センサ部のまわりをヒータで加熱してデポ生成物の発生を抑えるといったことが行われています。

　半導体製造では金属汚染を避けなくてはなりません。特に高温でシリコン面を直接扱うトランジスタなどのFEOL（Front End of Line：前工程のことで，トランジスタなどの素子をシリコン基板中に作る）では汚染対策は重要です。キャパシタンスマノメータからの汚染対策として，セラミックを素材としたものが作られています。

複合ゲージ

　複合ゲージを紹介します。キャパシタンスマノメータとピラニゲージを1つ

2. 各種真空ゲージの原理と構造

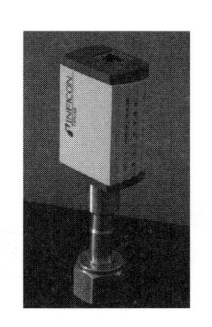

図 4.14　複合ゲージ（インフィコン社提供）

にまとめたものです。コンパクトなデザインで省スペース化に役立ちます。また，キャパシタンスマノメータにより大気圧からの測定が可能で，ガス種による感度の依存性がありません。

高真空側はピラニゲージに移りますが，出力信号は複合された一つの信号として取り出せます。特にロードロックチャンバのように大気圧から高真空まで計測する必要のある部分に最適です。このタイプでは取り付け方向に制約がなく，自由な方向で取り付け可能となっています（**図 4.14**）。

イオンゲージ

イオンゲージは熱電子を出してガス分子に当て，ガス分子をイオン化してイオン電流を計測することで，間接的に真空度を測定します。イオン化率はガスの種類によって異なるので，感度もガスの種類で異なります。しかし，半導体製造装置ではチャンバのベース圧力の測定や，確認用が主なので問題はあまりないと考えられます。

ゲージ中心にイオンコレクタ電極をもつものを B–A ゲージ（**図 4.15**）と言います。多くのイオンゲージは B–A ゲージです。ゲージがガラスや金属管に入っていないものはヌードゲージと言い，PVD や DCVD のベース圧力のモニ

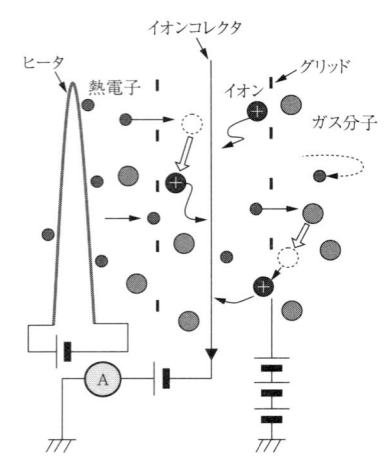

図 4.15　B-A ゲージ　　　　　　　図 4.16　B-A ゲージ構造

タなどに使用されています。

　ヒータから出た熱電子はプラス電圧になっているグリッドに向かいます。グリッドは網目の粗いものなので，多くの熱電子は通り抜けてしまいます。通り抜けた先には何もないので，熱電子は再びグリッドに向かいます。こうして熱電子はグリッド間を往復しますが，その間にガス分子に衝突してそれをイオン化します。プラスイオンはマイナスの電圧になっているイオンコレクタに入り，イオン電流として観測されます（図 4.16）。

　真空度が低い場合には，ガス分子は多数空間に存在するのでイオン化の確率は高くなり，イオン電流が多く流れます。高真空ではガス分子の数は減り熱電子が衝突する確率が減るため，イオン電流は減少します。イオン電流をモニタすることで間接的に真空度が計測されます。イオンゲージの感度はガスの種類によることになるので，この場合も N_2 を 1 として校正しています。

　表 4.2 に一部イオンゲージの感度表を示します。実用的にはチャンバのベース圧力モニタなので，係数 1 として問題ありません。混合気体の場合は各分圧

2. 各種真空ゲージの原理と構造

表 4.2 B–A ゲージ比感度係数（参考文献 1 を参照）

窒素	N_2	1.00	標準ガス
メタン	CH_4	1.58	Etch
二酸化炭素	CO_2	1.35	Etch
アルゴン	Ar	1.34	PVD
一酸化炭素	CO	0.95	Etch
酸素	O_2	0.88	Etch
アンモニア	NH_3	0.65	CVD
水素	H_2	0.49	CVD/Etch
ヘリウム	He	0.22	Etch/CVD

で計算すれば良いことになります。試しに空気の場合で計算してみると,
$$\text{Air} = (1 \times 4 + 0.88 \times 1) \div 5 = 0.98$$
となります。これは実用上, 1 とみなせます。

さて, B–A ゲージは奇妙な形をしていることに気付くでしょう。B–A ゲージの名の由来は発明者ベイヤートとアルパートから来ています。彼ら以前のイオンゲージは昔の真空管のような格好をしていました。中心にヒータ, そのまわりをグリッドが取り囲み, 最外周にイオンコレクタを配置した構造です（図 4.17）。この場合, ヒータから出た熱電子はグリッドを通過して何回か行ったり来たりしますが, 最終的にはプラス電位であるグリッドに飛び込みます。グリッドは金属なので, 電子に金属が当たり X 線が発生します。弱い X 線なので軟 X 線と言います。

軟 X 線がイオンコレクタに当たると, 逆に電子を放出します。プラスのイオンがイオンコレクタに入ることと, イオンコレクタから電子が出ていくこととは電気的に等価です。したがって, 電流計にはイオンによる電流と電子による電流が同時に流れることになります。この場合, 電子による電流は雑音そのものなので, 真空度は見かけ上悪くなります。B–A ゲージの発明される以前には, 計測される真空度は 10^{-6} Pa が最高で, それ以上の高真空は存在しない

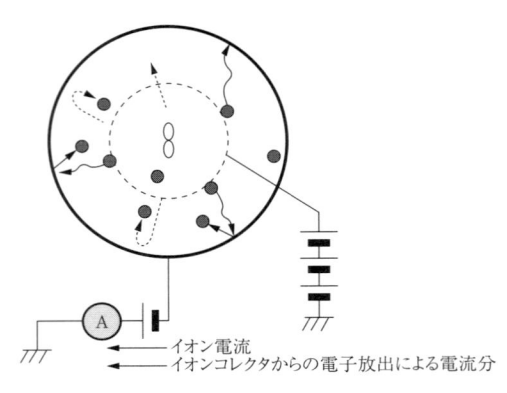

図 4.17　B–A ゲージ以前

と思われていました。そこで軟 X 線が入り込まないようイオンコレクタを 1 本の線状にし，まわりにグリッドを配置しました。こうすると軟 X 線がグリッドに飛び込む確率が減ります。ヒータの置き場がなくなってしまったので，仕方なく脇にどいてもらいます。こうして B–A ゲージの構造ができ上がりました。

ペニングゲージ

　ペニングゲージは磁場放電の一種であるペニング放電を利用した真空ゲージです。磁石が組み込まれていて，もってみるとずしりと重い感じがします。放電電流が圧力に比例する範囲をゲージとして用います。精度はあまり高くはありませんが，冷陰極放電であり，丈夫で取り扱いが簡単，寿命が長いなどの特徴があります。以前よくオーバーホールしましたが，溶剤で洗浄後乾燥させて組み付けるとトラブルがなく復帰します（図 4.18）。

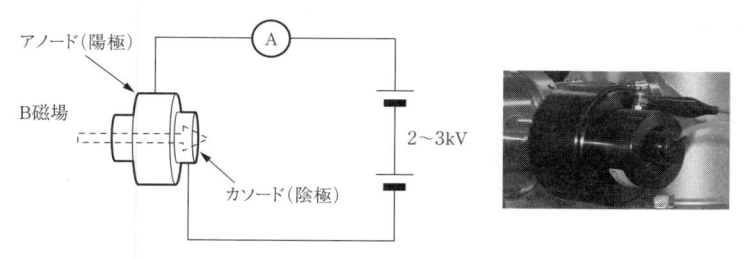

図 4.18　ペニングゲージ

3. 使用上の注意

イオンゲージなどはチャンバなどに専用ポートがあり，そこへ取り付けるようになっています。理想的にはチャンバ壁から少し突き出した方が良いことになっています（図 4.19）。これは，分子流の領域ではチャンバ内壁からのガス

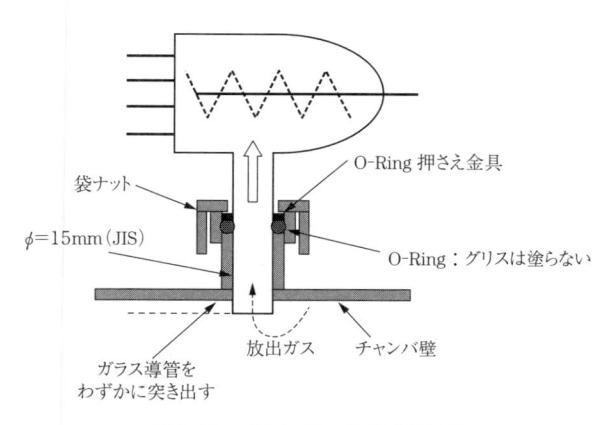

図 4.19　イオンゲージの取り付け

放出（デガス）が起こるためと，O-Ring からのデガスを引き込んですぐ影響してしまうためです。デガスを吸い込んだイオンゲージは悪い真空度を示します。吸い込むと言ったのは，イオンゲージは一種の小さな真空ポンプとして働き，ガス分子をイオンに分解してイオン電流に変換して取り出しているからです。半導体では 10^{-7}Pa 台（10^{-9}Torr）が最高真空度なのであまり気にすることはないのかも知れませんが，このことは意識しておくべきでしょう。

　O-Ring にはグリースは塗らないようにします。真空用のグリースは蒸気を出さないように作られていますが，ゼロではありません。またプロセスへの影響も懸念されます。ガス放出はイオンゲージのガラス管内側からもあります。長く使用すると内壁やグリッド，イオンコレクタに分子が吸着してくるので，脱ガス（フラッシング）を行います。フィラメントやグリッドを通電加熱して温度を上げ，脱ガスさせたり電子を叩き付けて吸着分子を追い出します。これらは自動化されています。また 1/2 インチほどのチューブで真空チャンバと接続されるので，その部分コンダクタンスをもちます。一種のポンプなので，測定値に誤差を生じさせます。ヌードゲージはこの点有利で応答性も優れていますが，他と接触したりして壊れやすいのが欠点です。

　真空ゲージの取り付け位置はガスの流れに対して直角が理想的です（**図 4.20**）。多くの装置ではそういう構造になっています。曲がりのある所では流れが不規則になりやすく，指示値が高め低めに出てしまう可能性があります。

　真空ゲージは電気回路では電圧計にあたり，ガスの流れはないので，理論上

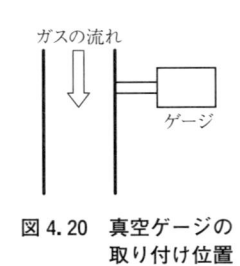

図 4.20　真空ゲージの取り付け位置

は配管の長さや径は関係ないはずです．しかし，この関係は粘性流の場合には成り立ちます．

分子流の領域ではガス分子の入射頻度で圧力が決まります．頻度は熱によるので，測定部とゲージ間に温度差があるといけません．電離真空計がそれにあたり加熱され高温になっていますが，その分校正されています．ポンプ作用も出るためなるべく太く短く取り付ける必要があります．一般に極端に長いものや細いものは，生成物の付着や再放出などの問題で避けた方が良いと思います．

ゲージの径は 15 mm 程度（1/2 インチの SUS パイプ製）が多いようです．また，熱伝導ゲージに半導体素子のサーミスタを使ったものがあります．非常に感度が良いのですが，周囲環境の影響を受けやすいので，現在ではあまり使われなくなったようです．代わりに感度が良いことを利用して，溶剤などをプローブガスとしてリークを検出する簡便なリークディテクタとして販売されています（以前 CVC 社から販売されていたサーミスタゲージにはリークディテクト（LD）という機能がおまけで付いていました）．こちらはあまり高真空を必要としない CVD やエッチング装置用のリークディテクタといったものです．

イオンゲージに限らず新しい真空ゲージを取り付けると，前と違う指示になる場合が多くあり，プロセスエンジニアの方は不安がるものです．低い方に出ればまだしも，ベース圧力が高く現れると，真空装置に漏れなどのトラブルがあるのでは，と疑いたくなります．ゲージは取り付け位置，汚れ，寿命などでも指示値が変わってきますが，ゲージ自体にもばらつきがあるものです．イオンゲージの精度としては±15% 程度あるようです（絶対精度）．指示値が桁違いでは問題でしょうが，この範囲であればあまり問題はないように思えます．プロセスでは絶対精度より繰り返し精度の方が重要です（一般に 1% 程度のようです）．心配なら使用中のイオンゲージが故障する前に次のスペアを同じ条件で測定しておいて，Δ（差）を取る方法が簡単です．指示値は違うでしょうから，この Δ 値を知っておいて，この測定値は前のゲージではこういう値です，とすれば誰も文句は言いません．

第5章
ガスシステム・真空部品とその使い方

1 真空シール，ガスケット，O-Ring

　真空シール（封止）の原理を**図5.1**に示します。部品の表面はミクロ的に凸凹しているためこのまま取り付けるとうまく密着せず，隙間ができてしまいます。そこで，間に部品の材質より柔らかい材質のものを入れて圧着します。隙間が埋まって密着することによりシールされます。弾性（エラストマー）をもつゴムによるものと，柔らかい金属を用いるメタルガスケットがあります。メタルの材質としては銅，アルミ，ニッケル板などです。エラストマーシール（弾性）の代表はO-Ringです。簡便でコストも安く，取り付けに熟練度を必要としません。

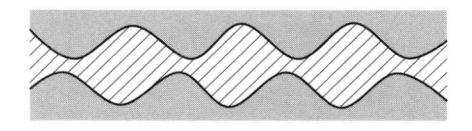

図5.1　シールの原理

O-Ring

O-Ringを最初に開発制定したのは大戦中のアメリカ空軍で，航空機部品のシール用でした。US製装置はアメリカ航空規格が用いられています。種類が多いので，ほとんど同じに見えるO-Ringでも別番だったりするので注意が必要です。O-Ringの材質は化学的に強く，高温まで使えるバイトン（商品名。正式にはフッ素ゴム）が一般的です。

図5.2の右がバイトン®O-Ringです。左はパーフルオロゴムのO-Ringで，グリーン，ツィード社からケムラッツ®という名称で販売されています。パーフルオロゴム製のO-Ringは，プラズマ環境下の過酷な条件で使用されます。

O-Ringの取り外しは溝を傷付けないようにします。ドライバーなどの金属製のものは使用しないでください（図5.3(a)）。専用の取り外しツールなどが

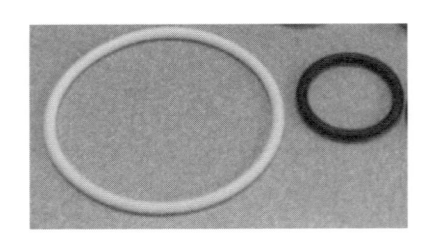

図5.2 O-Ring

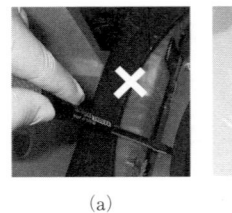

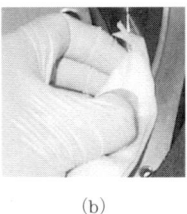

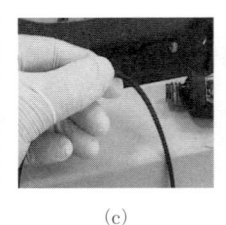

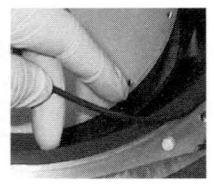

(a)　　　(b)　　　(c)　　　(d)

図5.3 O-Ringセット

1. 真空シール，ガスケット，O-Ring

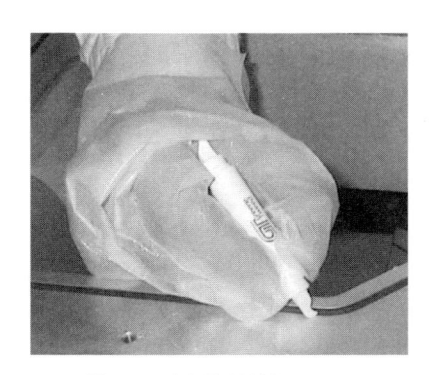

図 5.4　専用取り外しツール

発売されています（図 5.4）。取り外したら溝を洗浄します。速乾性のイソプロパノール（IPA）などの溶剤で行い，水は使用しません（図 5.3(b)）。

　真空グリースは必要最小限で使用してください。ある種の真空グリースには毒性があり，熱で分解されて危険ガスを発生するものもあります。素手で取り扱わないでください。皮膚に付いた場合には良く洗い流して，飲食やタバコを吸う場合には必ず手を洗ってからにしてください。またチャンバ壁などに付くとプロセストラブルの原因となります（図 5.3(c)）。

　ねじれがないように溝にセットします。傷付けないように注意してください（図 5.3(d)）。O-Ring を軽く伸ばすとプラズマなどのダメージが確認できます。表面がザラザラしていたり，ボロボロになっていたら取り替えます。

　O-Ring は溝に挿入したゴムをつぶして密着させ，シールするものです。つぶししろを考えて多少の余裕があります。溝寸法と O-Ring 寸法は計算されています。あまりつぶし過ぎると永久変形させ，かえって寿命を短くしてしまいます（図 5.5）。

　通常は 10～25% 程度にして 30% 以上はつぶさないようにします。以前，実験用装置を設計する際にどのくらいつぶすかで悩んだことがありました。20% くらいに取ったのですが，良くシールしてくれました。世界中の装置を扱って

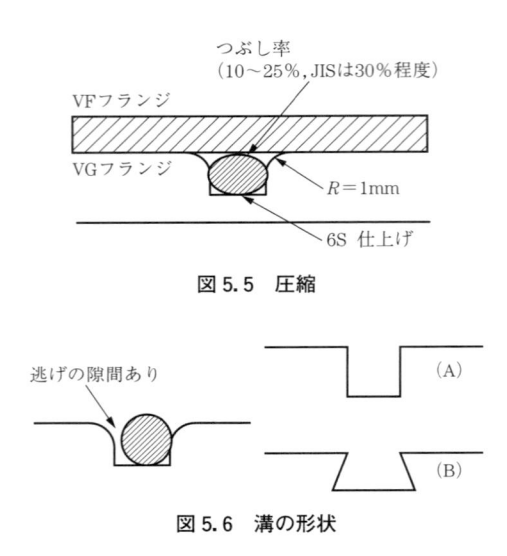

第5章 ガスシステム・真空部品とその使い方

図 5.5　圧縮

図 5.6　溝の形状

いましたが，なかにはほとんどつぶしていないような装置もあり，設計は意外とラフだという感じを受けたことを覚えています。

　減圧容器は安全なため，特にこれという規定はありません。真空にできれば良いわけで，あとは信頼性や寿命，メンテナンス性が問題になります。あまり臆せず装置を作ってみてはいかがでしょうか。

　また，溝形状は**図 5.6**の(A)のタイプが多いのですが，チャンバリッド（フタ）のように開閉する部分で上側にO-Ringが付いている場合には，落下しないように(B)のタイプもあります。O-Ringには傷付きやすいという欠点があるので，取り外しや挿入の際は注意が必要です。バイトンゴムは型起こしによる成形で作りますが，寸法誤差が大きくリークトラブルで壁に突き当たったら，別の同じ型のO-Ring（ロット番号が異なった方が良い）に交換してみるのも1つの方法です。シリコンO-Ringは，今はほとんど使わないと思いますが，気体の透過率が高いのでヘリウムリークディテクタの使用では注意が必要です。

1. 真空シール，ガスケット，O-Ring

表5.1にO-Ring規格の抜粋を示します。

テフロンテープ

日本ではシールテープ，外国ではテフロンテープと言います。真空以外にも，空気，窒素配管，水，蒸気に使われています。テープ幅は，1/8，1/4，3/8径の部品には1/4インチ幅，1/2インチ径からは1/2インチ幅を用います。

最初に部品のネジ山をクリーンしてください。必要に応じて超音波洗浄とベークにて乾燥させます。

1番目のネジ山を避けてテープを右まわりに巻き始めます（右ねじの場合）（図5.7(A)）。半幅ずつ重ねて1.5重巻〜3重巻までとします（図5.7(B)）。よくぐるぐる巻きにしがちですが，それは避けるべきです。シール性がかえって悪化します。高圧のかかる部品のシールほどパッキン類は薄くなります。同じ原理で，真空でも薄いシールは信頼性が上がります。テフロンテープはこの場合，よくねじ込むための潤滑剤と考えられます。テープが1番目のネジ山にかかったり，配管の断面を覆うようには巻かないでください。ねじ込んでいくとちぎれてパーティクルの原因となったり，配管を塞いだりしてしまいます（図5.7(c)）。

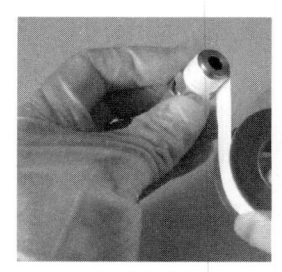

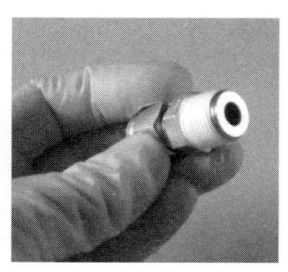

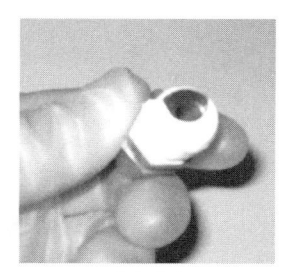

(A)巻き始め　　　　　(B)良　　　　　(C)不可

図5.7　テフロンテープ使用方法

表 5.1 O-Ring

JIS 真空フランジ用(運動用 O-Ring)抜粋 (単位:mm)

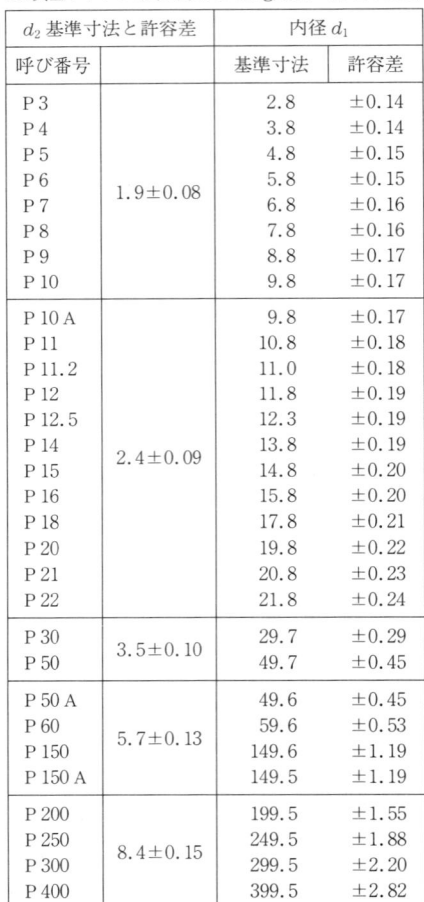

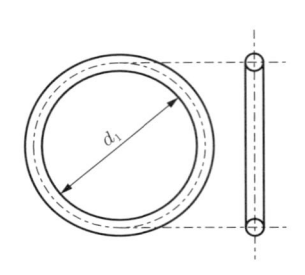

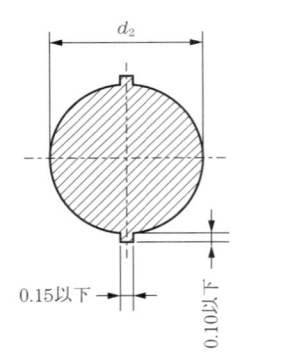

呼び番号	d_2 基準寸法と許容差	内径 d_1 基準寸法	許容差
P 3	1.9±0.08	2.8	±0.14
P 4		3.8	±0.14
P 5		4.8	±0.15
P 6		5.8	±0.15
P 7		6.8	±0.16
P 8		7.8	±0.16
P 9		8.8	±0.17
P 10		9.8	±0.17
P 10 A	2.4±0.09	9.8	±0.17
P 11		10.8	±0.18
P 11.2		11.0	±0.18
P 12		11.8	±0.19
P 12.5		12.3	±0.19
P 14		13.8	±0.19
P 15		14.8	±0.20
P 16		15.8	±0.20
P 18		17.8	±0.21
P 20		19.8	±0.22
P 21		20.8	±0.23
P 22		21.8	±0.24
P 30	3.5±0.10	29.7	±0.29
P 50		49.7	±0.45
P 50 A	5.7±0.13	49.6	±0.45
P 60		59.6	±0.53
P 150		149.6	±1.19
P 150 A		149.5	±1.19
P 200	8.4±0.15	199.5	±1.55
P 250		249.5	±1.88
P 300		299.5	±2.20
P 400		399.5	±2.82

1. 真空シール，ガスケット，O-Ring

規格表（抜粋）

JIS規格（固定用 O-Ring）抜粋　　（単位：mm）

呼び番号	d_2 基準寸法と許容差	内径 d_1 基準寸法	許容差
G 25		22.4	±0.25
G 30		29.4	±0.29
G 35		34.4	±0.33
G 40		39.4	±0.37
G 45		44.4	±0.41
G 50		49.4	±0.45
G 55		54.4	±0.49
G 60		59.4	±0.53
G 70		69.4	±0.61
G 75		74.4	±0.65
G 80		79.4	±0.69
G 85	3.1±0.10	84.4	±0.73
G 90		89.4	±0.77
G 95		94.4	±0.81
G 100		99.4	±0.85
G 105		104.4	±0.87
G 110		109.4	±0.91
G 115		114.4	±0.94
G 120		119.4	±0.98
G 125		124.4	±1.01
G 130		129.4	±1.05
G 135		134.4	±1.08
G 140		139.4	±1.12
G 145		144.4	±1.16
G 150		149.3	±1.19
G 160		159.3	±1.26
G 200	5.7±0.13	199.3	±1.55
G 250		249.3	±1.88
G 280		279.3	±2.07
G 300		299.3	±2.20

JIS規格（真空フランジ用O-Ring）抜粋　単位mm（単位：mm）

呼び番号	d_2 基準寸法と許容差	内径 d_1 基準寸法	許容差
V 15		14.5	±0.20
V 24		23.5	±0.24
V 34		33.5	±0.33
V 40		39.5	±0.37
V 55		54.5	±0.49
V 70	4±0.10	69.0	±0.61
V 85		84.0	±0.72
V 100		99.0	±0.83
V 120		119.0	±0.97
V 150		148.5	±1.18
V 175		173.0	±1.36
V 225		222.5	±1.70
V 275		272.0	±2.02
V 325	6±0.15	321.5	±2.34
V 380		376.0	±2.68
V 430		425.5	±2.99
V 480		475.6	±3.30
V 530		524.5	±3.60
V 585		579.0	±3.92
V 640		633.5	±4.24
V 690		683.0	±4.54
V 740	10±0.30	732.5	±4.83
V 790		782.0	±5.12
V 845		836.5	±5.44
V 950		940.5	±6.06
V 1055		1044.0	±6.67

2 フランジ・配管

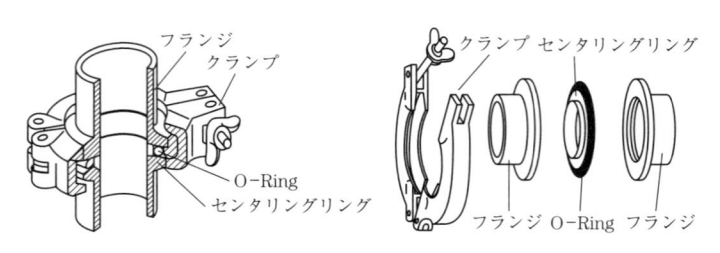

KF フィッティング

　KF フィッティングは KF フランジ，クイックカップリングなどとも呼ばれ，配管中に多用されています。パーツとしては 4 個から成っていて，クランプ，フランジ，センタリングリングと O-Ring です。特別な技能を要せず，取り外し，取り付けが簡単に行えて便利ですが，大きなサイズにできないのが一つ難点です（**図 5.8**）。センタリングリングはストッパーにもなっていて，隙間管理など必要なく自動的にクランプが完成します。**図 5.9** はフォアラインバルブでの使用例です。

　KF フィッティングは便利ですが，DN 50 サイズまでが一般的で，それ以上になると ISO–K フィッティングになります。小型のターボ分子ポンプなどをクランプする場合などかあります。

　爪のような形状のクランプをネジで閉め込んでクランプする構造になっています。シールは O-Ring を用います（**図 5.10**）。O-Ring には通常グリスを塗りません。

図 5.8　KF フィッティング

2. フランジ・配管

図 5.9　フォアラインバルブ周辺の使用例

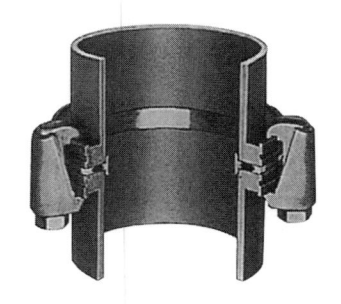

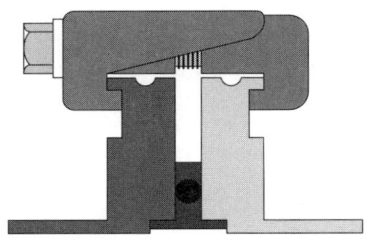

図 5.10　ISO–K フィッティング

図 5.11　ISO-F フィッティング

　ISO-F フィッティングはフランジです．ボルトで固定するので，大型の配管などに用いています（図 5.11）．

真空フランジ

　JIS 真空フランジには溝のある VG 形とフラットな VF 形があります（図 5.12）．原則として，流れの上手を VF 形にします．ガスケットは角型，甲丸型，O-Ring があります（図 5.13）．

　溝とガスケットの関係で，隙間があり塑性変形が起こりにくいものを形式 1，溝にぴったりはまっているものを形式 2 と呼びます．ガスケットの寿命の点では形式 1 の方が有利です（図 5.14）．通常フランジのガスケットにはグリスは塗りません．

　表 5.2 に JIS フランジ規格の抜粋を示します．

コンフラットフランジ

　コンフラット（Conflat）フランジは US バリアン社が開発しました．超高真空用のフランジで，ナイフエッジという突起が無酸素銅でできたガスケットに食い込むことでシールします（図 5.15）．このフランジの特徴は，ナイフエッ

2. フランジ・配管

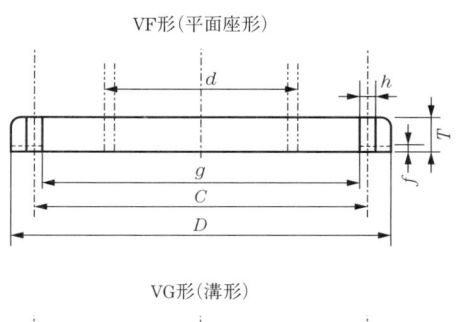

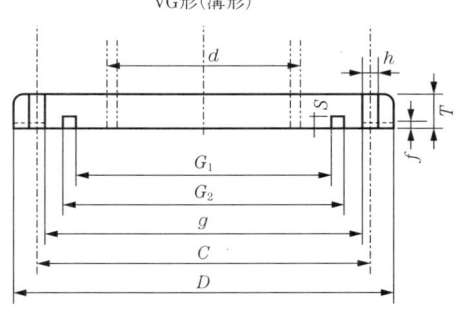

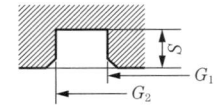

図5.12 JIS真空フランジ

図5.13 ガスケット形状

第5章 ガスシステム・真空部品とその使い方

図 5.14 溝とガスケットの関係
（形式1：隙間あり／形式2：溝にぴったり挿入）

表 5.2 フランジ規格（抜粋）

JIS 規格フランジ抜粋　　　　　　　　　　　　　　　　　　　　単位（mm）

呼び径	適合する鋼管の外径 d	フランジ径 D	フランジ厚さ T 鋳造フランジ	フランジ厚さ T その他	f	g	中心円径 C	ガスケット溝 内径 G_1	ガスケット溝 外径 G_2	深さ S	適応 O-Ring 呼び番号
10	17.3	70	10	8	1	38	50	24	34	3	V 24
20	27.2	80	10	8	1	48	60	34	44	3	V 34
25	34.0	90	10	8	1	58	70	40	50	3	V 40
40	48.6	105	12	10	1	72	85	55	65	3	V 55
50	60.5	120	12	10	1	88	100	70	80	3	V 70
65	76.3	145	12	10	1	105	120	85	95	3	V 85
80	89.1	160	14	12	2	120	135	100	110	3	V 100
100	114.3	185	14	12	2	145	160	120	130	3	V 120
125	139.8	210	14	12	2	170	185	150	160	3	V 150
150	165.2	235	14	12	2	195	210	175	185	3	V 175
200	216.3	300	18	16	2	252	270	225	241	4.5	V 225
250	267.4	350	18	16	2	302	320	275	291	4.5	V 275
300	318.5	400	18	16	2	352	370	325	341	4.5	V 325
350	355.6	450		20	2	402	420	380	396	4.5	V 380
400	406.4	520		20	2	458	480	430	446	4.5	V 430
450	457.2	575		20	2	511	535	480	504	7	V 480
500	508.0	625		22	2	561	585	530	554	7	V 530
550	558.8	680		24	2	616	640	585	609	7	V 585
600	609.6	750		24	2	672	700	640	664	7	V 640
650	660.4	800		2	2	722	750	690	714	7	V 690
700	711.2	850		26	2	772	800	740	764	7	V 740
750	762.0	900		26	2	822	850	790	814	7	V 790
800	812.8	955		26	2	877	905	845	869	7	V 845
900	914.4	1065		28	2	983	1015	950	974	7	V 950
1000	1016.0	1170		28	2	1088	1120	1055	1079	7	V 1055

2. フランジ・配管

コンフラットフランジ

メタルガスケット

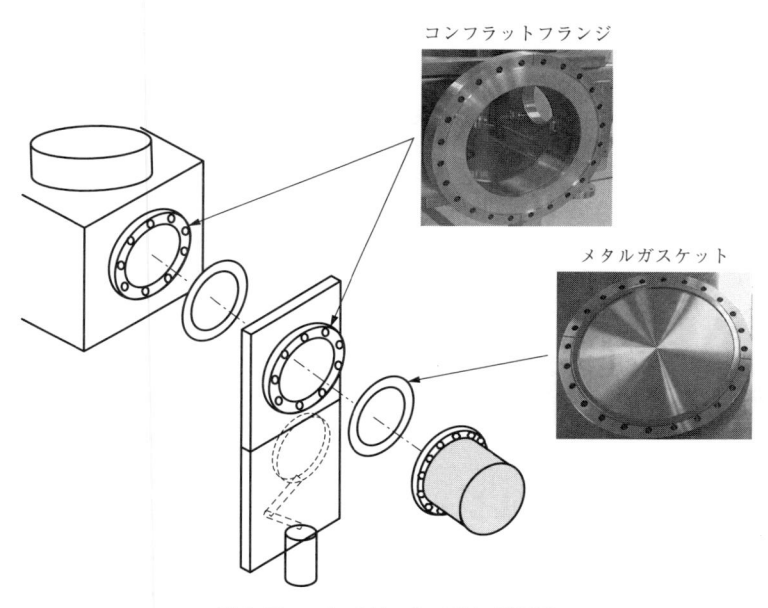

図 5.15　コンフラットフランジ概要

Aシール点　ナイフエッジ
無酸素銅ガスケット

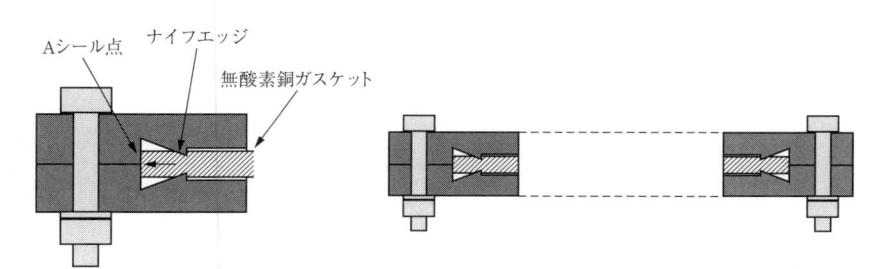

図 5.16　コンフラットフランジ

ジ部分だけでなくA点でもシールすることです。ナイフエッジが銅のガスケットに食い込むと同時に，矢印の方向に伸びてシールします（図5.16）。したがって高温―低温を繰り返しても（ヒートサイクル）シール性が保たれ，高信頼性でありグローバルスタンダードとなっています。また，O-Ringシールでは低温にするとゴムの弾性が失われてしまい，シールできません。メタルガスケットは低温から高温まで使用することができます。クライオポンプのような低温部のシールにはかかせません。

3 運動伝達部品

ディファレンシャルシール

　大気側から真空側へ動力を伝えたい場合があります。よくある例では，カセットロードロック室でカセットを上下させるためのシャフトの上下運動です（図5.17）。

　ディファレンシャルシールは図5.18のように，ハウジングの中にO-Ring

図5.17　シャフトの上下運動

3. 運動伝達部品

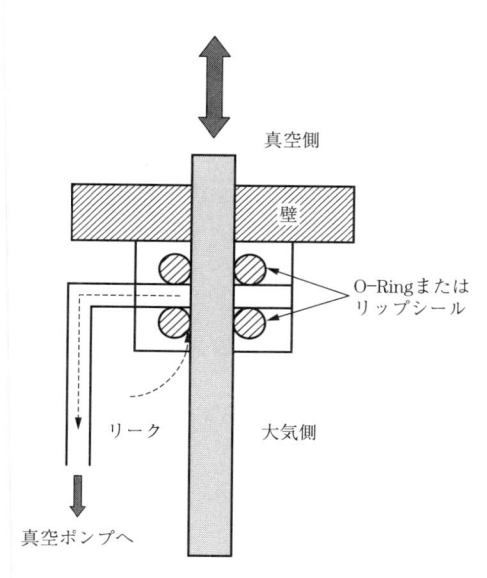

図 5.18　ディファレンシャルシール

またはリップシールを 2 段に組み込み，間の空間を真空ポンプへ接続するような構造になっています。

　シャフトが上下するので大気側から少しリークしますが，中間から真空引きしているので真空チャンバ側へはリークしません。古くからあるシール方式で，差動機とも言います。

　精度良く作られたものはリークも少なく，真空ポンプへの配管を塞いでも大丈夫なほどですが，使用していくとゴムが摩耗してリークを起こします。定期的に部品交換が必要です。またシャフトが垂直に組み込まれていないと，片磨耗となり寿命が短くなってしまいます。

ベローズ

　ベローズ（図 5.19）は最も多用される運動伝達部品の一つです。材質はス

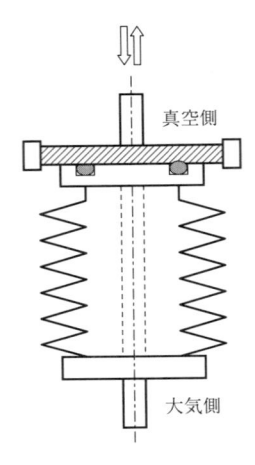

図 5.19　ベローズ

テンレスや真鍮，銅などもあります。半導体ではステンレスがほとんどです。溶接して作る場合と成形で作る場合があります。溶接ではストロークを大きく取ることができますが，寿命が短くなります。成形ベローズでは逆になります。

　腐食性のガスなどでピンホールができ，リークするトラブルもあります。リークチェックは，伸ばした場合と収縮させた場合で行います。縮めた場合に，穴が塞がったリークが止まったように見えることがあるからです。寿命は，繰り返しストローク何万回というように規定されていますが，スペック以上に引き伸ばしたりしないようにします。寿命が短くなります。

磁気シール

　磁気シールは図 5.20 のような構造で，内部にある永久磁石とネジ部の磁性流体（Fe_3O_4（マグネタイト）約 10 nm＋界面活性剤＋ベース液）によるシールです。回転動力を真空側へ伝えるときに用います。

　内部を分解してみると，非常に薄い磁性流体がネジ部を取り巻いています。

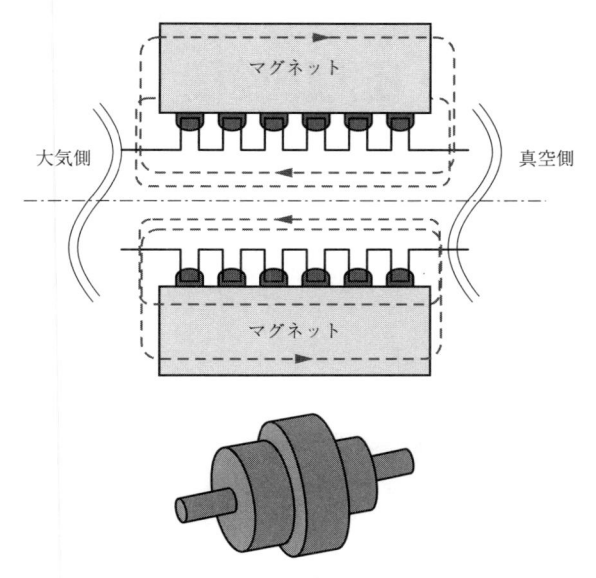

図 5.20　磁気シール

　回転で発熱するものはキューリー点を越えると磁気が消滅するため，水冷仕様のものもあります。

　メンテナンスでは溶剤などをかけないでください。磁性流体が流れ出て壊れてしまいます。これで一夜にして数十万円分の磁気シールをダメにした同僚がいました。手で軸をまわして重み（抵抗感）を感じるようであれば正常です。軽くまわったり抵抗感にむらがあるようでしたら不良です。ヘリウムリークデティクタや真空ゲージでリークを見る場合には，少しずつ回転させながらチェックしていくと突然真空度が良くなったり，また悪くなったりするので判断が付きます。

第5章　ガスシステム・真空部品とその使い方

4 バルブ・圧力調整機

バルブ

　図 5.21 は大口径バルブの代表的な VAT 社のバルブです。クライオポンプのゲートバルブなどに使用されています。ゲードバルブの構造を図 5.22 に示します。

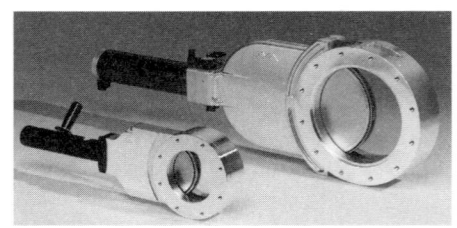

a) ゲートバルブ

b) ライトアングルバルブ 　　c) バタフライバルブ

図 5.21　各種バルブ（VAT 社提供）

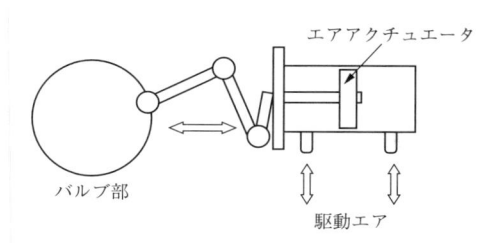

図 5.22　ゲートバルブ構造

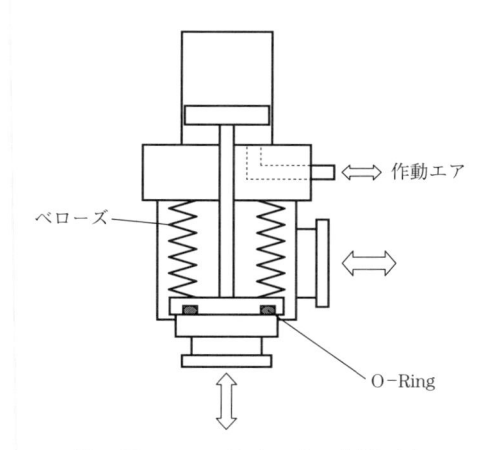

図 5.23　フォアラインバルブ（ライトアングルバルブ）

フォアラインバルブ

　フォアラインバルブ（**図 5.23**）はシングルアクションのノーマリークローズ型で，ベローズの先に取り付けられた O-Ring でシールされます。アセンブリ上側はエアシリンダになっています。

エアオペバルブ

　エアオペバルブはプロセスガスなどを入り切りするバルブで、ソレノイドバルブにて供給される駆動エア、または駆動 N_2 で動作します。構造はエアシリンダでベロース構造のバルブを動かすベローズバルブ型と、薄い金属の板で開閉するダイヤフラム型とがあります（図 5.24）。

　ダイヤフラムバルブにはベローズバルブのようなデッドスペースがなく、駆動部のエアシリンダで発生するパーティクルがガスラインに入り込まないので、現在の装置では多く用いられています。

　両者ともガスの流れ方法があります。ベローズバルブでは先にステムチップという4フッ化テフロンなどでできた硬い押さえが付いています。使用していくと、これが段付き摩耗してリークに至る場合があります。いくら探してもリーク箇所がわからない場合には、この内部リークも疑った方が良いでしょう。ダイヤフラム板も割れることがあります。これらはスペアパーツとして手に入

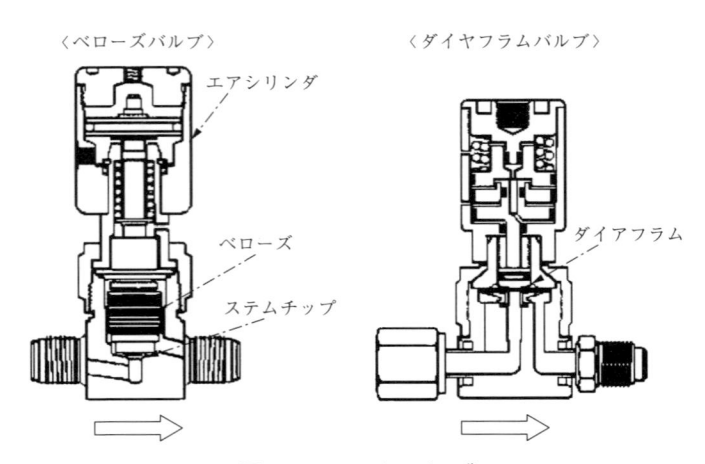

図 5.24　エアオペバルブ

るので現場で修理可能です。

ニードルバルブ

　ニードルバルブ（図 5.25）は現在あまり使われなくなりました。エアアクチュエータやエアシリンダなどの動作コントロール（スピコン）などに使われています。シールは内部の小さな O-Ring で行っています。頻繁に動かすようなら，摩耗やパーティクル（ゴミ）の発生にも気を付けます。

　逆止弁（チャッキバルブ）（図 5.26）はガス配管中に用いられる，逆流を防止するためのバルブです。腐食性のガスなどで押さえのボールがスタックすることがあります。また取り付け方向がありますので注意してください。

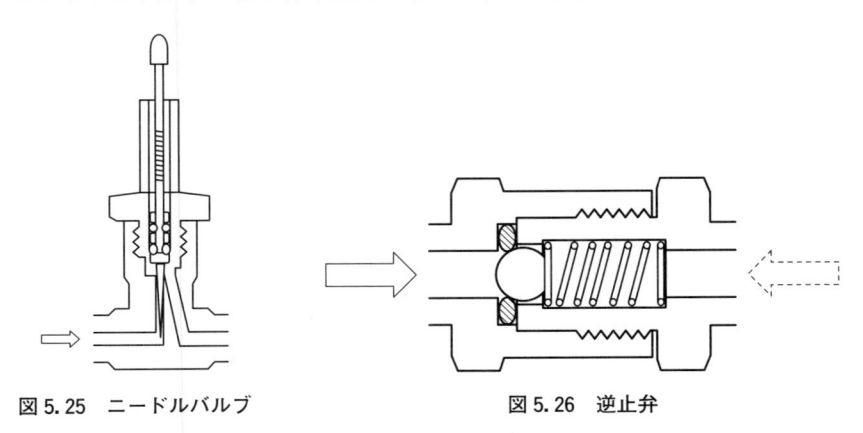

図 5.25　ニードルバルブ　　　　図 5.26　逆止弁

5 マスフローコントローラ

マスフローコントローラの仕組み

　半導体産業で用いられるガス流量計にはマスフローコントローラがあります。名前からすると，質量流量制御装置ということになり，ガス種に対応して質量流量を流すものです。流量を計測する方式として熱式流量計という分類に入ります。

　流体中にヒータなどの加熱体が置かれ，流体が加熱される時に上流側と下流側で温度差を生じます。温度差はガスの質量流量と関係するため，流量を測定することが可能となります。熱線風速計などにも用いられる原理です（図5.27）。

　マスフローで重要な部品はセンサ部とバイパス部です。センサ部は感度を高めるために細い管（毛細管）になっているので，詰まりやすくなっています。毛細管には2つのヒータ（抵抗センサ）が巻かれていてブリッジを構成しています。ガスが流れていない時と流れた時の温度バランスの崩れ（ΔT）から質量流量を測定します（図5.28）。

　熱を使って計測するので，周囲の温度変化に弱く，センサ自体は専用ケースに収められ断熱されています。真空とは直接関わらないのですが，液体マスフ

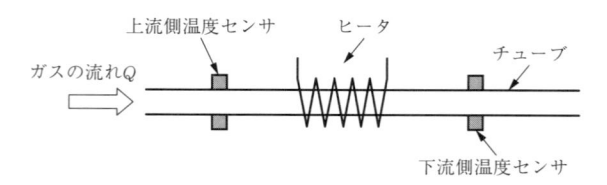

図5.27　熱式流量計のイメージ

5. マスフローコントローラ

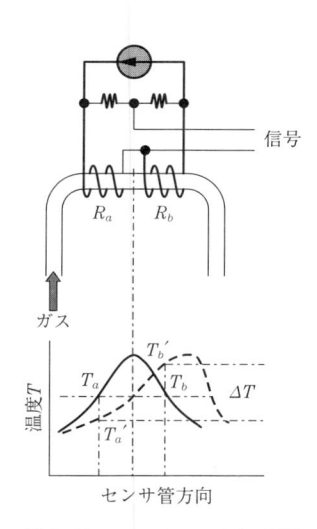

図 5.28　マスフローセンサ部

図 5.29　マスフローコントローラ（堀場エステック社提供）

ローコントローラ（**図 5.29**）も存在します。CVD でよく用いられる TEOS という液体ソースの流量をコントロールするものですが，原理は同じです。より熱変化に敏感なため，断熱などは厳重に行われます。

バイパス部はセンサと並列に付けられていて，センサ部流量とバイパス部流量を正しく分流させます。そのため層流状態で流す必要があり，別名「層流素子」とも言われます。層流とは乱流などの乱れがない流れのことです。バイパス部は各社各様で工夫を凝らしていますが，エッチングで形状を作るものや電解研磨で作るものもあります（**図 5.30**）。

仕組みをもう少し掘り下げてみます。バイパスの分流比を，たとえば 1 : 9 とします。流入したガスの 10% がセンサへ残り，90% がバイパスを通過します。この分流比はガスの流量に関わらず一定です。

100 sccm レンジのマスフローの場合には，最大流量時センサへ 10 sccm，バ

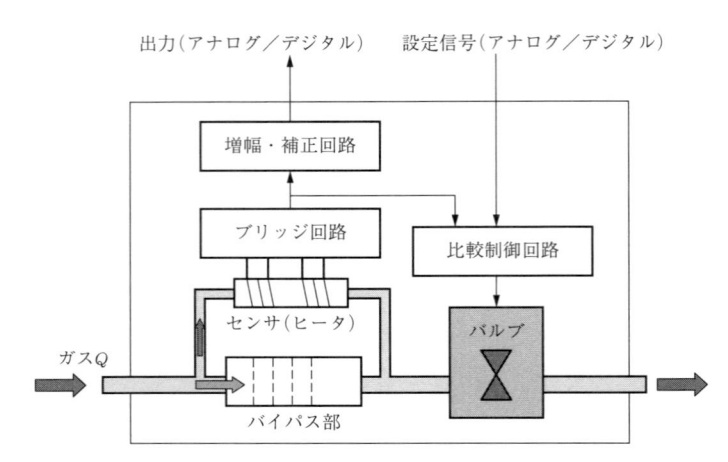

図 5.30　マスフローコントローラ

イパスへ 90 sccm 流れていて，それぞれの出口で再び合流して 100 sccm となり，チャンバへ流しています。センサは自分の流量の 9 倍の流量がバイパスに流れているとして見ています。そして信号を出し，100% 流量であることを外部に知らせます。

　アナログの場合は，一般に 0 – 5 VDC（または 0 – 10 VDC）が 0 – 100% 流量に相当します。センサは毛細管で髪の毛ほどの細さなので，ガスの種類によっては詰まりやすくなります。液化しやすいガスなども同様です。しかし，この場合にはむしろトラブルが少ないと考えられます。なぜなら流量異常が出て装置が停止するからです。

　バイパスに異常が出た場合には注意が必要です。もしバイパスが詰まってもセンサが正常ならコントロールはそのまま行われます。マスフローコントローラはあくまでセンサの流量を見ているので，バイパスはきちんと分流させてくれているということが前提にあります。信号は正常に出ているので，コントロールは正常に行われていると判断します。

5. マスフローコントローラ

プロセス異常はウエハをモニタしてはじめて発見されます。完全に壊れてくればまだいい方で，途中で故障，また復帰などが出ると最悪の結果になります。装置ではガスラインにマスフローメータを付け加えて，2重にチェックしています。装置には実際ガスを流してみてチャンバの圧力上昇から流量をチェックする機能が付いているものもあります。これは比較的簡便なため，装置の始業点検中などに活用されています。

コンバージョンファクタとガス

コンバージョンファクタ（$C.F$）というものがあります。N_2 を1としてその何倍流れるかを表す値です。

$$C.F = \frac{Q_R}{Q_N} \tag{5.1}$$

Q_R；実ガスの流量　Q_N；N_2 での流量

例で考えてみましょう。N_2 用マスフロー 100 sccm レンジでアルゴン（Ar）を流したら，何 sccm 流れるでしょうか？

Ar の $C.F$ は 1.40 です。したがって，$Q_R = 100 \times 1.40 = 140$ sccm 流れます。

実務ではあまりやらないでしょうが，O_2 用のマスフロー 100 sccm に Ar を流した場合，実際 Ar は何 sccm 流れるでしょうか？

$$Q_R(\text{Ar}) = \frac{C.F(\text{Ar})}{C.F(O_2)} \times Q (\text{マスフローの表示値}) \tag{5.2}$$

$$= \frac{\frac{\text{Ar}}{N_2}}{\frac{O_2}{N_2}} = \frac{\text{Ar}}{O_2} \times 100 = \frac{1.40}{0.98} \times 100 = 143 \text{ sccm}$$

1970 年代の半導体立ち上げ期では，高価なマスフローコントローラを使いまわしていたことを覚えています。今のように専用のガス用に校正されたものではなく，不活性ガスと危険ガスくらいの区別でした。ここで紹介したような

表 5.1　代表的ガスの特性表（例）

ガス名	C.F	ρ	C_p	N
N_2	1.00	1.145	0.2486	1.000
H_2	1.01	0.082	3.4450	1.000
He	1.45	0.164	1.2422	1.000
Ar	1.44	1.783	0.1242	1.000
O_2	0.98	1.309	0.2193	0.988
SiH_4	0.60	1.434	0.3184	0.925
SiF_4	0.39	4.257	0.1687	0.984
AsH_3	0.67	3.480	0.1170	0.885
B_2H_6	0.37	1.129	0.4884	0.717
BCL_3	0.41	5.231	0.1277	0.989
CF_4	0.43	3.603	0.1661	0.925
Cl_2	0.86	2.900	0.1141	0.918
Hbr	1.04	3.309	0.0860	1.040
NH_3	0.72	0.492	0.4921	0.951
PH_3	0.69	1.391	0.2609	0.880
CO	1.00	1.149	0.2479	1.001
CO_2	0.74	1.804	0.2012	0.893
NO	0.99	1.227	0.2377	1.014
N_2O	0.71	1.799	0.2103	0.944
CH_4	0.80	0.658	0.5313	0.983
C_2F_6	0.28	6.150	0.1850	—
WF_6	0.19	13.300	0.1080	—

〈メーカーにより異なる〉

ことは今となっては実務でやらないでしょうが，在庫切れなどの緊急事態には活用できるかも知れません。**表 5.1** に代表的ガスとコンバージョンファクタ，その他の特性を示します。各マスフローメーカーより出ていますので，それを

利用してください。ただし，各メーカーの値は少し違っています。校正基準も温度はバラバラのようで，0℃，20℃，25℃などあるようです。また突然値が改訂されたりしますので，詳しくはメーカーにお問い合わせください。表中の N は分数修正係数で実験値です。メーカーによっては Ar などの不活性ガス，O_2，N_2 などの 2 原子分子ガス，CO_2 などの 3 原子分子ガス，その他の多原子から成るガスで設定している場合もあります。

流量 Q は次式で表されます。

$$Q = K \frac{N}{\rho \cdot C_p}$$

K：マスフローに関する係数，N：ガス係数，ρ：ガス密度（g/L），C_p：低圧比熱（cal/g·K）

$$C.F = \frac{K \dfrac{N_R}{\rho R \cdot C_p R}}{K \dfrac{N_{N_2}}{\rho N_2 \cdot C_p N_2}} = \frac{\rho N_2 \cdot C_p N_2}{\rho R \cdot C_p R} \times \frac{N_R}{N_{N_2}}$$

25℃条件で N_2 は $N=1.00$，$\rho=1.15$，$C_p=0.25$。したがって，

$$C.F = \frac{0.288}{\rho R \cdot C_p R} \times N_R \quad (基本式)$$

ただし，0.288 はメーカーにより 0.31 程度までバラツキがあります。

混合ガスのコンバージョンファクタを計算したい場合があります。実測すれば良いのですが，あらかじめ目安を計算してみます。たとえば SiH_4 に希釈ガスとして He を添加している場合などです。ここでは SiH_4（20%），He（80%）とします。

SiH_4 の密度は 1.43，比熱は 0.32，He の密度は 0.164，比熱は 1.24 です。
はじめに混合ガスの等価密度 ρ を求めます。

$$\rho = \frac{80(\%)}{100(\%)} \times 0.164 + \frac{20(\%)}{100(\%)} \times 1.43 = 0.131 + 0.286 = 0.417$$

次に混合ガスの等価比熱 C_p を求めます。C_p は次の式により求めます。

$$C_p = F_1 C_{p1} + F_2 C_{p2} \qquad F_1 = F_2 = \frac{ガス分密度}{混合ガス等価密度\,\rho}$$

$$F_1 = \frac{0.131}{0.417} = 0.314 \qquad F_2 = \frac{0.286}{0.417} = 0.685$$

$$C_p = 0.314 \times 1.24 + 0.685 \times 0.32 = 0.389 + 0.219 = 0.608$$

次に N ですが、メーカーなどから出ている値を使います。この場合、混合気体なので各パーセントに応じて計算します。

$$N = \frac{80(\%)}{100(\%)} \times 1.00 + \frac{20(\%)}{100(\%)} \times 0.984 = 0.800 + 0.197 = 0.997$$

これを基本式に代入します。

$$C.F = \frac{0.288}{0.417 \times 0.608} \times 0.997 = 1.13$$

よって混合気体の $C.F$ は 1.13 と求まりました。

他のガスへ転用する場合には、コンバージョンファクタの近いものを選びますが、注意点は密度 ρ です。たとえば HBr ガスのコンバージョンファクタは 1.04 ですが、密度 ρ は 3.3 ほどあります。これを水素 H_2 のマスフロー（コンバージョンファクタ 1.01）で流す場合、コンバージョンファクタは似ていますが、密度が違い過ぎます。

密度の大きなマスフローのバイパスは流れやすいようになっています。具体的にはバイパス部の抵抗が低くなるように詰め物をあまりしていません。一方、水素は軽く流れやすいため、バイパスは抵抗が高くなるよういっぱい詰め物をしています。したがって水素のマスフローに HBr を流すことは困難だと思われます。また、HBr のマスフローに水素を流すとバイパスの抵抗が低いため、押さえが利かず流れを制御することが困難になると思われます。このあたりはメーカーに問い合わせると良いでしょう。

高分子ガスの扱い

　BCL_3，CCL_4 など高分子のガスは液化しやすいものです。ガスボンベから装置までの間や，装置に入ってからガスパネルの中を通ってチャンバの入り口までの間，なるべく配管の曲がりを少なくしてクリーンルームのダウンフローを直接当てないようにするなどの対策が効果を生む場合があります。

　ダウンフローが直接当たるようなら，配管を保温材などで断熱することもあります。途中に逆止弁など抵抗になるものがあると，そこで液化する場合があります。以前，逆支弁などを取り外し，配管をなるべくストレートに通して改善させたことがありました。また，プロセスガスは複数使用するので，ミキシングブロックでいったん集合させるようなデザインでは，他のガスに邪魔されてチャンバに流れていかないこともあります（図 5.31）。またはじめは流れていても，フィルタが詰まりだすと配管抵抗が変わって流れなくなることもあり，一筋縄ではいきません。

　このような場合には，このラインだけ単独にチャンバに接続するしかありません。またキャリアガスが使えれば，キャリアガスの助けで流す方法もとれます。ミキシングブロック内で液化すると大変なことになり，装置ダウンが長くなってしまいます。図のラインすべてを断熱材で巻いたこともありました。ご参考までに。

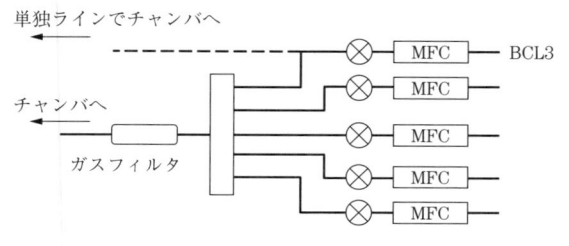

図 5.31　ミキシングブロック

6 配管継手類

　半導体装置で用いられるガスライン用のフィッティングにはスウェージロック，VCR，VCO があります。

　スウェージロックはナット，フェルル，ボディの3つの部品から成り立っています。図 5.32 のようにセットし，配管をボディに押し当てながら（ボディに密着させます）ナットをいっぱいまで手締めします。そこからレンチを使って 1 と 1/4 回締め込むと接続されます（図 5.33）。フェルルが配管に食い込んでシールするタイプの継手になります。あまり締め込み過ぎるとかえって漏れやすくなるので，増し締めはしないでください。再取り付けが可能です。再取り付けは手締めからレンチで 1/4 回締め込みます。配管をボディに挿し込む構

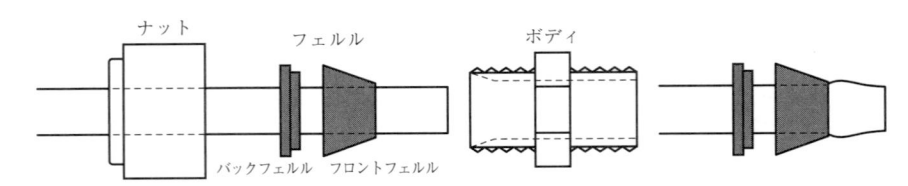

図 5.32　スウェージロック

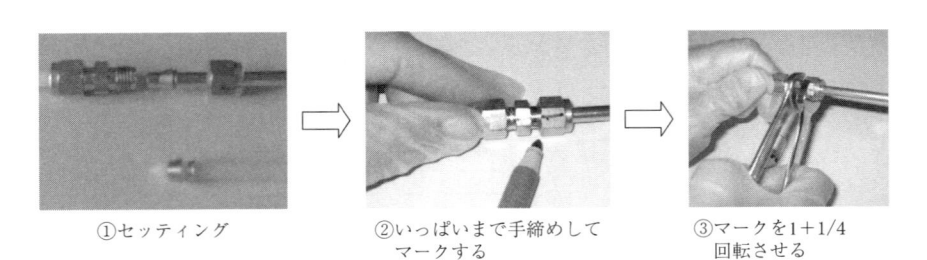

図 5.33　スウェージロックの接続手順

造なので，クリアランスがないと配管できません。ガスラインの他，水，N_2 ラインなどにも使用されています。

通常 1/4 インチより小さいサイズのチューブの場合，1/4 回転よりも少ない回転で最初の位置に来ます。1/2 インチより大きいサイズのチューブの場合，1/4 回転以上まわす必要があります。チューブをねじって外さないでください。シール面が傷付く恐れがあります。そのような場合には，チューブを前後に移動させながら取り外してください。

1/16，1/8，3/16 インチ，2 mm，3 mm，4 mm の継手は手締めから 3/4 回転締めてください。これらはマニュアルを参照して下さい。

VCR

VCR は現在装置内の配管に多用されている継手です。ナット，グランド，ガスケット，ボティの 4 つのパーツから成り立っています（図 5.34）。ボディやフィルタ，マスフローコントローラ，バルブの継手部分にはグランドが溶接されています。グランド部の先端はビード部という少し丸みを帯びた形状で，精度よく仕上げられています。ナットを締め込むとビード部がガスケットに食い込んでシールします。面でシールするので信頼性が上がります。

半導体装置ではニッケル合金のガスケットを主に使用しますが，アルミや銅製のガスケットもあります。ガスケット自体はセットしにくいので，リテイナーリングという保持器に取り付けてセットします。リテイナーリングとガスケ

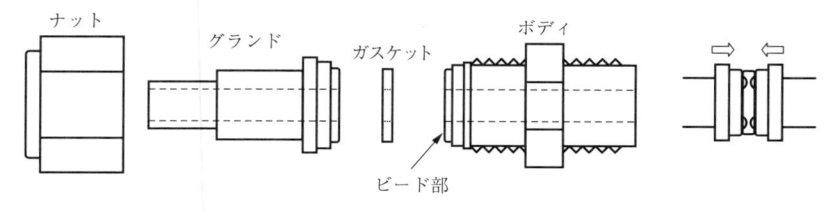

図 5.34　VCR フィッティング

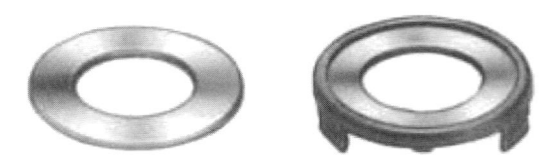

第 5 章　ガスシステム・真空部品とその使い方

図 5.35　ガスケット（左）とリテイナーリング（右）

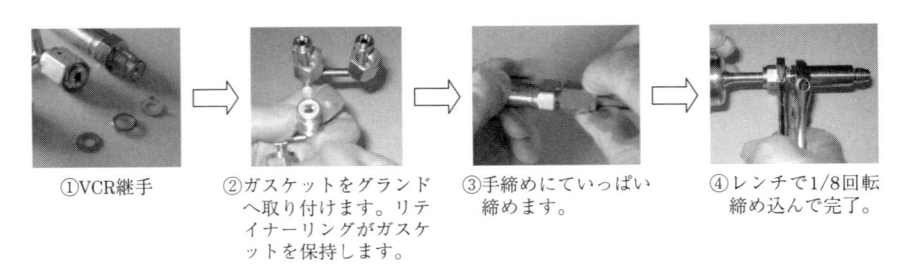

①VCR継手　②ガスケットをグランドへ取り付けます。リテイナーリングがガスケットを保持します。　③手締めにていっぱい締めます。　④レンチで1/8回転締め込んで完了。

図 5.36　VCR 接続手順

ット（リテイナー・アセンブリ）をグランドのビード部にはめてから行います（図 5.35）。接続の仕方は，ガスケットを取り付け，ナットを手締めしてからボディや部品をレンチで固定し，ナットを別のレンチでまわします。ニッケルガスケットでは手締めから 1/8 回転です。1/8 だと少しなので締めた気がしないのですが，増し締めは行いません。ビード部は精度よく研磨されていてシール性を保つために重要な部分です。あまり締め込むとガスケットを押しつぶし，ビード部同士がぶつかってしまいます。ビード部は固いので傷付いてしまいます。こうなるとグランドを交換しなくてはなりません。またボディや部品の方をまわして締めないでください。グランド部が回転すると擦れて，やはりビード部が傷付く恐れがあります。ボディや部品の方をレンチで固定させてから，ナットの方をまわすようにします（図 5.36）。

　VCR ではシールの確実性を保つため，毎回新しいガスケット，ガスケット・リテイナー・アセンブリを使用して，通常再使用はしません。

VCO

　VCO（**図 5.37**）は O-Ring でシールするものです。ナット，グランド，ボディから成っています（**図 5.38**）。O-Ring のため繰り返し使用できます。セッティングは手締めしてからレンチで 1/8 回転して行います。現在ではあまり使われなくなりましたが，配管に力が加わらないのでマノメータの接続箇所などに見られます。

図 5.37　VCO

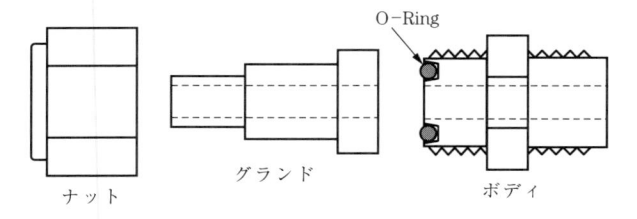

図 5.38　VCO フィッティング

7 フィルタ

　半導体ではいろいろなフィルタを用いていますが，大きく分けてディプス型とメンブレン型になります（図5.39，5.40）。

　ディプス型は綿のようなイメージです。長い繊維が絡みついた構造になっていて，その中にパーティクルを捕らえます。大きなパーティクルは物理的な捕集で，小さなパーティクルは静電吸着により除去しますが，中間のサイズのパーティクルは意外とすり抜けてしまいます。一般に寿命が長いものです。

　メンブレンフィルタは膜フィルタとも呼ばれ，薄い膜に小さな穴が開いていて，ガスは穴の中を流れていきます。パーティクルは膜に邪魔されてそこで捕集されます。性能は良いのですが，寿命が短いといった欠点があります。両者の特徴を生かして，初段にディプス，後段にメンブレンを組み合わせた複合型もあります。材質はセラミックスからニッケル，ステンレスなどさまざまですが，使用するガスの特徴を考慮して選ぶことが大切です。たとえばニッケル材

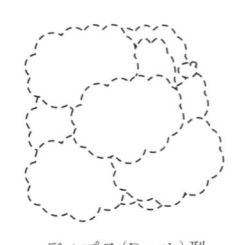

ディプス(Depth)型　　メンブレン(膜)型

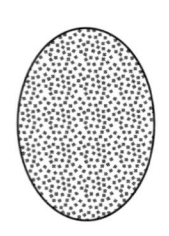

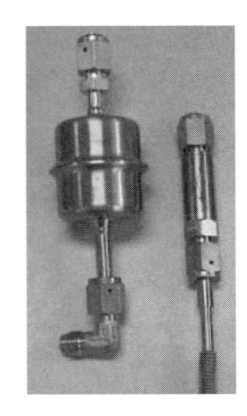

図5.39　フィルタの種類　　　　図5.40　フィルタ

質のフィルタへモノシラン（SiH$_4$）を流すと，還元作用でモノシランが分解するなどという問題があります。しかし，もともと半導体用として作られたものなら，まず問題はありません。

8 フィードスルー

真空室と大気側で信号のやり取りをするためのコネクタ端子をフィードスルーと言います。コネクタピンはセラミックなどの材質でシールされています。図 5.41 は信号伝達用で，センサや制御信号に用いますが，大電力を扱うものもあります。プロセスチャンバに直接取り付ける場合には，コネクタからの汚染と腐食ガスなどの影響も同時に考慮する必要があります。

図 5.41　フィードスルー（エリコンライボルト社提供）

第 6 章

リーク探し

1 リークの検出

　真空装置のリークはいつも頭痛の種です。各装置とプロセスにはスペックがあります。もし規定の真空に到達しない，またチャンバにリークがあるなどのトラブルがあると，プロセスを行うことができません。

　エッチングや一般的な CVD では中真空度なので苦労も少なくて済みますが，PVD などはベース圧力が 10^{-7}Pa 台（10^{-9}Torr 台）なのでヘリウムリークディテクタのお世話になることになります。真空の取り扱いでは個人差やその職種でのノウハウが多く存在していますが，ここでは半導体で用いられる基本的なリークチェックの方法と特質を押さえることにします。

　真空引きした後，チャンバをポンプから切り離し圧力上昇を見るテストをビルドアップテスト，またはリークバックテスト，リークアップテストと言います（**図 6.1**）。問題がなければ点線のようなカーブを描き，チャンバ圧力はやがて飽和します。これはチャンバ内壁，装置の部品などに付着したガスや水蒸気などが出てくるものです。真空引きに時間がかかることが問題で，一般には仮想リークとして扱います。

第6章 リーク探し

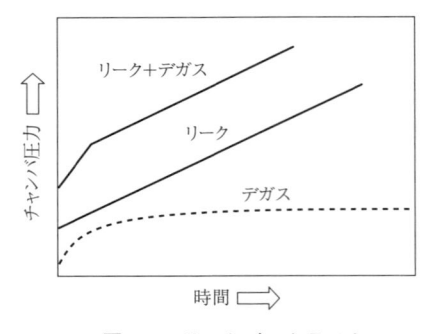

図 6.1　リークバックテスト

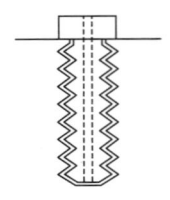

図 6.2　ベントスクリュー

　一方，リークがある場合には絶えず外部から気体が流入してくるので，圧力は飽和せず上昇を続けます。こちらはトラブルシューティングが必要です。

　デガスなどの仮想的なリークの場合には，何回かテストを繰り返すうちにリークレートが減少していきますが，真のリークがある場合にはリークレートは常に一定で，長く真空引きした後でも変わりません。デガスも極力抑えたいものです。チャンバ壁をヒートアップする，配管のデポしやすい部分にヒータを巻いておく，部品は洗浄後ベークしておくなどの対策が必要です。また，部品と部品の隙間（デットスペース）もデガスの要因です。このためネジに穴を通して，デットスペースに溜まったガスを素早く排気させるベントスクリューやDスクリューが用いられることがあります。排気時間を短縮させ，デガスの影響を軽減させます（**図 6.2**）。

　もしターボ分子ポンプにゲージポートが付いていれば，ターボ分子ポンプが高性能な圧縮機であることを利用します。ターボ分子ポンプの排気側バルブをクローズにしてチャンバの圧力上昇を測ります。

　ガスを流さないアイドル状態の真空引きでは，ターボ分子ポンプの排気はほとんどゼロです。リークがあれば圧力が上昇していきます。正常な状態を基準値として管理すると良いでしょう。

よく行われる方法で切り分けがあります。ガスラインからチャンバ，ポンプや配管を経て最終の荒引きポンプに至るまで，ゲートバルブやフォアラインバルブ，アイソレーションバルブを遮断しながら部分部分に切り分けていく方法です。切り分け前後の圧力変動や真空度の変動でリーク箇所の特定をします。いきなりヘリウムディテクタを持ち出す前に，アセスメントで絞り込んでおいた方が楽です。

よく現場で経験するのがインナーリーク（内部リーク）です。バルブの閉まりが悪くガスを完全に遮断できない場合や，真空ラインでポンプと分離できないような状態になります。ガスバルブで発生するとヘリウムリークディテクタでもリーク箇所が見つからず，探しまわることになります。今の装置はエアオペバルブ以外にマニュアルバルブが付いているので，適当な所で閉にしてラインを分離します。このような場合，複数のガスラインを1本ずつ閉にしていけば発見できます。パージ用 N_2 やガスラインのファイナルバルブなど，頻繁に開閉するバルブがリークしやすいものです。またベローズタイプのバルブやベローズ使用部品は破れることがあります。ダイヤフラムバルブも薄いダイヤフラム板が割れることがあります。

2 ヘリウムリークディテクタの原理と使用法

ヘリウムリークディテクタとは

PVDやインプランテーション装置では，ヘリウムリークディテクタにて漏れ探しをします。現在の装置は自己診断から標準リークでの校正，測定までが完全自動化になっていて，簡便に測定ができます。リーク量の単位 Q_L は Pa·m³/sec ですが，一部では Torr やミリバール表示なども使われています。

リークディテクタは図 6.3 に示すように，排気系と質量分析器，標準リーク

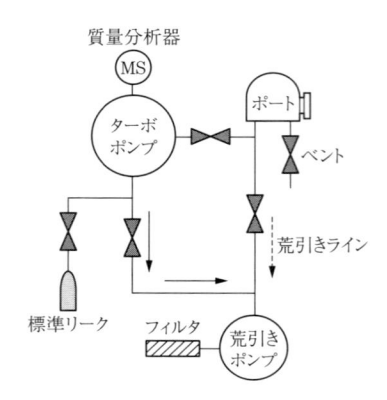

図 6.3　リークディテクタ

などから構成されています．まず荒引きポンプにて排気された後，一定の真空度に達すると 35 L/min 程度の小型ターボ分子ポンプ経由で真空度を高めます．ターボ分子ポンプが規定回転数になって立ち上がると使用可能になりますが，標準リークにて校正もできます．標準リークは石英管で作られていて，リークスタンダードは 10^{-7} Pa·m^3/sec 程度が多いようです．ヘリウム専用の質量分析器でヘリウムを検出します．

　ヘリウムを使う理由は，
① 　バックグラウンドが小さい：He は質量数 4 で自然界にはめったに存在しません（しかし 5 ppm 程度はあります）．したがってヘリウムが検出されたということは，漏れ箇所から進入してきたと考えられます．
② 　He は小さいので小さなリークポイントから入っていける．
③ 　安全で吸着エネルギーが小さいため，装置を汚染しない．
などが上げられます．

　使用方法はチャンバ本体か排気系にポートを接続して，リークしている箇所から入ってきたヘリウムを検出するようにします．装置にはいくつかのポートが付いているはずなので，それを利用します．ない場合にはアタッチメントを

2. ヘリウムリークディテクタの原理と使用法

図6.4　リーク探し

作り，ゲージポートや真空ポンプのラインを利用します。リークディテクタを立ち上げて測定系を真空にしたら，バックグラウンドが $10^{-10\sim -11}\mathrm{Pa\cdot m^3/sec}$ 台になっているでしょう。ここからリーク探しを始めます（**図6.4**）。

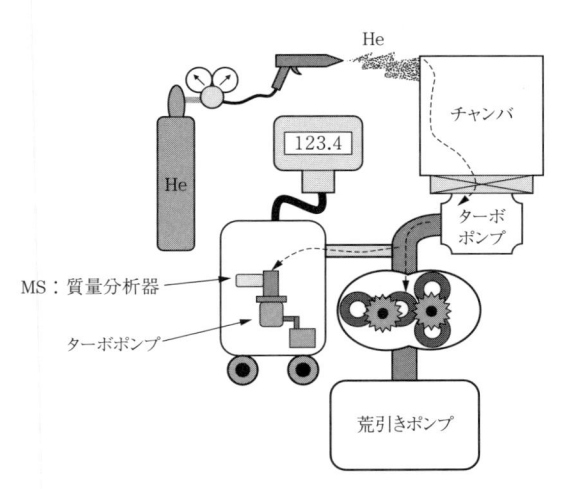

リーク探しのこつ

　リーク探しには少しこつがあります。ヘリウムの流量はできるだけ少なくします。ヘリウムガンから音が出るように勢いよく出してはいけません。部屋全体に広がってしまい，どこがリーク場所がわからなくなってしまいます。具体的にどのくらいの量かは人それぞれですが，あるアメリカのマニュアルには，ヘリウムガンへ1/16サイズのSUS配管を接続し，水を溜めたカップの中で1秒間に泡が1個程度出るように，とありました。クリーンルームの中では気流があるため少ないような気がしますが，日本にはなかなかこうした具体的なものがないのが残念です。自分で試してマニュアルにしておくと良いでしょう。

　ヘリウムは空気よりも軽いので，装置の下側よりHeプローブでリーク探し

第6章　リーク探し

をするとドリフトによって装置上側へ移動します。その時、装置上部にリークポイントがあれば反応するので、一般には装置上部よりヘリウムをかけていきますが、半導体生産現場はクリーンルームであるため、天上のエアフィルタより床に向かってダウンフローという気流が生じています。このため思わぬ所で反応してしまい、リーク箇所の判断を間違うことがあります。気流が強い場合などは装置下部よりプローブを当てるか、ビニールシートなどで装置上部を囲ってダウンフローを遮断するなどの対応が必要になります。

また、フード法と呼ばれる、特定部分をビニールとテープで囲ってしまいその中にヘリウムを吹き込む方法も有効です（**図6.5**）。

ヘリウムの量も極力絞って使用してください。またチャンバビューポート（覗き窓）に石英（クオーツ）などが使われていると、石英は標準リークに使用しているくらいなので、ヘリウムを透過させます。

チャンバにビューポートが付いている場合、一度透過するとバックグラウンドが上がってしまい、しばらく待たないと測定できなくなります。O-Ringも同じです。あまり使わないと思いますが、シリコンO-Ringは特に透過しやすいので注意します。バイトンO-Ringも傾向は同じです。あまり長く同じ箇所にヘリウムをかけ続けると透過してきます。このような場合には、ビューポー

図6.5　フード法

2. ヘリウムリークディテクタの原理と使用法

図6.6 リーク検査用の穴

ト部全体をビニール袋などで何重にも覆い、この部分のチェックを最後に回すなどの手法を工夫するしかありません。特に高真空用の部品、フィッティングなどにはリーク検査用の小さな切欠状の穴があります。この部分にヘリウムガスやアルコールなどをかけてチェックします（**図6.6**）。

枚葉式チャンバの場合には容積が小さいので、高真空に引いた後、デガスなどがあまりなければリークディテクタを直結にしてそのポンプを使って排気させることができます。この場合、チャンバに入り込んだヘリウムはすべてリークディテクタにいくので、応答感度が上げられます。

応答時間 τ はプローブガスを当ててから真空装置内の分圧 P が上昇（検出感度に関わる）し、当てるのをやめてから再び分圧 P が減少していくまでの時定数です（式(6.1)）。τ を大きくとると感度は高くなりますが、バックグラウンドに戻るまでに時間がかかり非能率的です。逆に τ を小さくとると感度は落ちますが、分圧はすぐ下がり次のテストが行えます。この τ は3～5秒程度が作業上良いと言われていますが、作業性を考慮して実際の運用で決めるのが良いと思います。テストするチャンバ容積と排気速度を調べて τ を計算しておくと良いでしょう。装置は排気速度の調整を圧力コントロールバルブで行えるので、場合によっては有効な方法と言えます。

$$\tau = \frac{V}{S} \quad (\text{sec}) \tag{6.1}$$

ヘリウムリークディテクタは数分で自動に立ち上がります。標準リークでの校正までボタン1つで行うことができます。詳しくはそれぞれの製品マニュア

①ディテクタと装置を接続

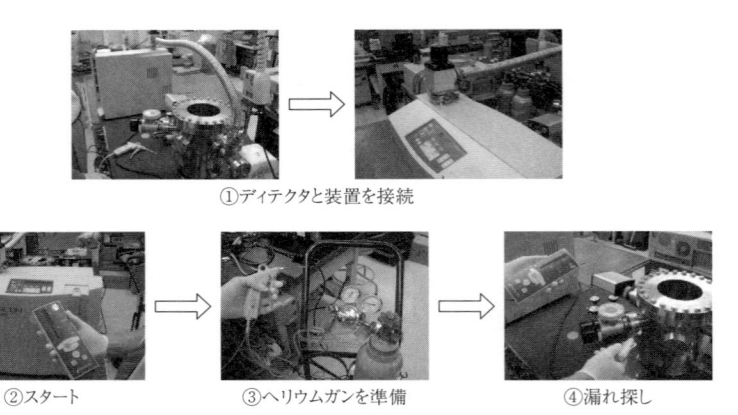

②スタート　　　　　　　③ヘリウムガンを準備　　　　　　④漏れ探し

図 6.3　ヘリウムリークディテクタ使用方法（デモ協力　インフィコン社）

ルを参照してください（図 6.3）。

3　その他のリークチェック法

　低真空装置の場合にはアルコールなどをリーク箇所と思われる所にかけて，真空ゲージの圧力変化からリークを発見する方法もあります（図 6.4）。また感度の高いサーミスタゲージが専用のリークディテクタとして販売されています。He リークディテクタを使用するほどではない低真空度の装置，たとえばエッチング，CVD などには有効です。この場合，ターボ分子ポンプなどは，圧縮機であることを利用して排気側にゲージを取り付けると検出感度が上がると思います。いろいろな箇所にポートを付けておくとあとあと便利なことが多く（もちろんその分だけリーク箇所が増えるというリスクはありますが），よく装置の設置の際に取り付けを依頼していました。磁気シールにはアルコールをかけないでください。磁性流体が流れ出して故障の原因になる場合がありま

3. その他のリークチェック法

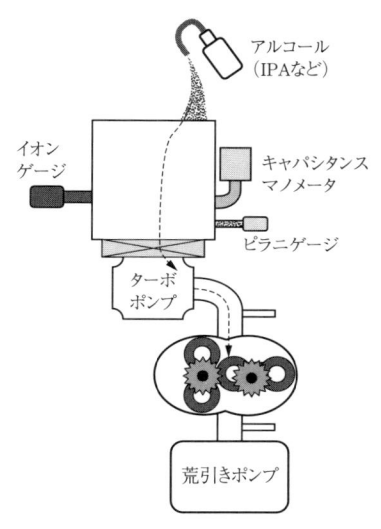

図6.4　リークチェック法

す。
　ガスボンベのバルブやフィッティング，配管など，加圧されている部分では"発泡"テストとか"カニ泡"テストとか呼ばれるチェックの方法があります。SNOOPという商品が発売されています。ただし危険ガスには不適です。

第7章

真空装置の取り扱い

　真空の取り扱いは，高真空になればなるほど細心の注意が必要です。真空引き時間の短縮，プロセス異常などのトラブルを未然に防止することが必要です。

① 　O-Ring は取り付ける前にクリーニングを行ってください。グリースを使用する場合には，少量を必要最低限用います。O-Ring に薄い膜ができる程度に伸ばします。O-Ring 溝がグリースで満たされていると発塵の原因となります。クリーニング時，グリースアップ時に傷の確認をしてください。装着時は，O-Ring が真っ直ぐでねじれがないこと，シール面が平行になっていることを確認してください。O-Ring 溝を傷付けないようにしてください。

② 　フランジなどのネジは手締めしてからレンチで片締めにならないよう対角線状に行います（図 7.1）。O-Ring タイプのフランジではフランジ面が合わさるようにするので，O-Ring のつぶししろは一般に大きくありません。コンフラットフランジでは無酸素銅のガスケットを使用しますが，この時片締めにならないように注意します。

　　ゲージを作っておいてそれを目安に締め込んでいき，最後に規定トルクになるようにすれば間違いありません。ゲージをスペーサとしてステンレス板などで作っておけば，そのままガスケットと一緒に挟み込んでしまう手もあります。トルクで管理するのが面倒なら隙間ゲージを作っておいて

第7章 真空装置の取り扱い

それを目安に管理すれば良いと思います。

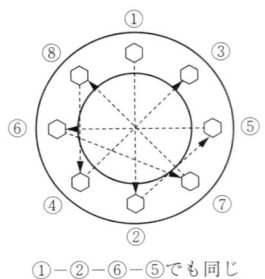

①-②-⑥-⑤でも同じ

図7.1 フランジのネジ締め

③ トルクが規定されている場合にはトルクレンチを使用します。トルクレンチを使用しないと，装置の機械的，プロセス的な性能が出ない場合があります。

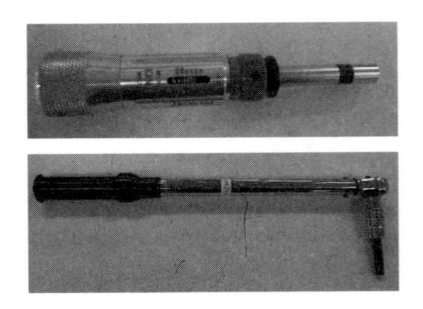

図7.2 トルクドライバーとトルクレンチ

④ その他の注意事項

a) 部品の持ち運びは手袋を使用して，人体からの発塵，油，ナトリウム（Na）で部品が汚染されないようにしてください。

b) チャンバ内部品はアルコールにてクリーニングを行い，無埃紙（ベンコットン）などで拭き上げますが，この時強くこすらないでください。

c）重要真空部品はクリーンルームなどの清潔な場所に保管してください。
d）破れや汚れのひどい手袋はその都度取り替え，再使用はしないでください。
e）チャンバを大気に戻す時は乾燥N_2にてベントし，大気に暴露している時間はできる限り短くします。休憩に行く場合などはチャンバをいったん締めるか，ビニールシートなどで覆ってクリーンルームのダウンフローに直接曝さないようにします。

図7.3　パーツはクリーンな環境で開封

II

応用編

第8章

サーマル装置とプロセス

半導体工程中には多くの熱処理があります。減圧にした石英チューブやSiCチューブ中に，窒素，アルゴンガス，水素などを導入し，シリコン基板を加熱して膜質を改善強化したり，インプラで打ち込んだ不純物をシリコン中に拡散させてp型，n型半導体を作ったりします。装置にはヒータで加熱するFTP（Furnace Thermal Process），ランプ加熱で急速加熱するRTP（Rapid Thermal Process）があります（図1.9（22頁）参照）。

熱工程には大きく分けて次の3つが考えられます。
① 熱酸化膜成長（サーマルオキサイド）
② アニール：インプラ後の結晶性回復や膜質改善
③ インプラ後の不純物活性化（押し込み拡散，引き伸ばし拡散，またはドライブインディフュージョンとも言う）

1 熱酸化膜成長

酸化膜の成長

熱酸化膜をサーマルオキサイドと言います。酸素や水蒸気を導入して加熱す

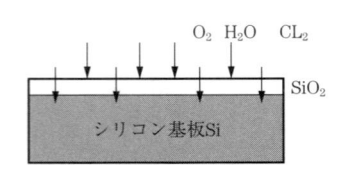

図 8.1　熱酸化膜

ると，シリコン基板上に酸化膜が成長します。これは基板のシリコンと酸素が反応してできたものです（**図 8.1**）。

　酸化方式で酸素を使用するものをドライ酸化，水蒸気を使用するものをウェット酸化，水素と酸素を炉内へ導いて爆発的に酸化させるものをパイロジェニック酸化と言います。塩素などのハロゲンガスをゲッター剤として添加して膜質を向上させることもあります。

　温度は半導体工程中では最も高く，1000℃ 以上です。成長した熱酸化膜を通して酸素が供給され，シリコン界面と反応して徐々に酸化膜が成長していきます（$Si+O_2=SiO_2$）。シリコンが酸化膜に変化していくので，もともとの基板の面から上方へ約 45%，下方へ 55% 成長します。

　でき上がりはシリコン基板へ酸化膜が埋め込まれた形になるので，LOCOS 素子分離などに使われます。また最高品質の絶縁膜なので，MOS トランジスタのゲート酸化膜になります。シリコン基板に直接付けることのできる膜はこの熱酸化膜だけと言って良いほどです。シリコン面はデバイスを作る大切な所なので，変な膜は付けられません。インプラ工程では，この熱酸化膜を通してシリコン中へ不純物を打ち込んだりします。

熱酸化膜の特徴

　熱酸化膜は下地のシリコンとの反応なので結合が強く，高温であり，プラズマなどの荷電粒子も使用しないので，膜にピンホールや欠陥，不純物，荷電粒子などが存在しません。ちょうど氷のようなイメージです。したがって，最も

膜質の信頼性が要求されるゲート酸化膜や，LOCOS 素子分離工程に使用されます。この熱酸化膜は基準になりえます。氷は世界中どこへ行っても大差はなく同じような氷であるのと同様です。

　一方，CVD は条件がさまざまで，プラズマは特に低温のため膜質が劣ります。CVD 膜は単に膜の上に成長させるもので，下地は変化しません。雪が地面に降り積もるのに似ています。雪は場所によってかなりの違いがあります（粉雪からボタ雪まで）。半導体ではよくサーマルオキサイド換算で……という言葉を耳にしますが，何かの基準を定める場合に使用されます。フッ酸のエッチレートなども CVD 膜ではバラバラになりますので，熱酸化膜を基準に定義します。工場間で測定器の機差を合わせる場合などにも使われ，デバイスの製造移転などにデータを付けて仕様書を作ったりします。

2 アニールと不純物活性化

｜事例

　アニール（Anneal）は，日本語では"焼きなまし"，"加熱処理"で，熱を加えて膜質を強化したり結晶性を回復させたりします。特にインプラ後では，打ち込み時の重いイオンの衝撃でシリコン結晶は壊されてアモルファス化しています。熱を加えて原子を振動させ，もとの格子点の位置に戻してやります。温泉治療のようなものです。結晶に欠陥が残るとそこがリークパスになって PN 接合部にリーク電流が流れ，デバイスがうまく動作しなくなります。アニールは不純物活性化（拡散）と同時に行って兼用する場合が多いものです。

　図 8.2 はトランジスタ周辺の熱工程を示しています。LOCOS とゲート酸化膜は熱酸化膜です。図でコンタクトに Ti/TiN バリア層がありますが，この場合，スパッタや CVD で付けたバリア層の質が悪いとバリアにならないので，

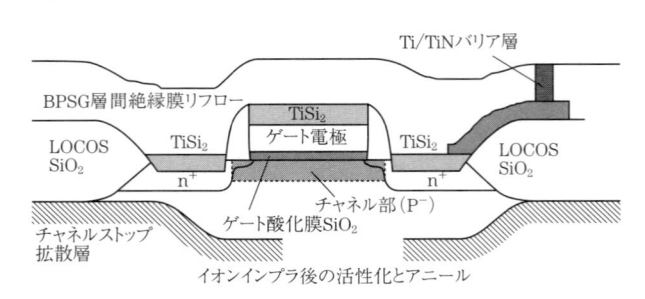

図8.2 トランジスタ周辺の熱工程

熱を加えて膜質の改善を行うことがあります。その場合は，膜が酸化されないように装置の残留酸素を極力少なくすることが必要です。

　また，トランジスタのソース，ドレイン，ゲートの表面にTiSi$_2$という膜が作られています。これはシリサイドというシリコンと金属の合金のようなものです。チタンで作られているのでチタンシリサイドと言いますが，タングステンやモリブデン，コバルトの場合もあります。

　この部分は電極なので，低抵抗である必要があります。シリコン半導体だけでは低抵抗化ができない場合に，シリサイドを形成します。この場合にも金属を付けてから熱をかけてシリコンと反応させます。加熱温度は600℃程度です。未反応の金属は酸で洗浄して取り除いています。

　図中でBPSGリフローという工程があります。BPSGとは，ボロン（B）とリン（P）が入ったシリケートガラスという意味で，酸化膜（SiO$_2$）中に添加物が入ったものです。一般に混ぜ物をした酸化膜は不安定で，空気中の水蒸気や酸素を反応して巨大な結晶を作ったりします。キラキラ輝いて見えるのでクリスタルディフェクトなどと呼んだりします。デポジション後すぐに熱を加えて溶かし，安定化させています。BPSGはボロン（B）が融点を下げ，溶けやすくしています。そして溶けた溶岩が流れて谷間を埋め尽くすようにデバイスを平坦化させます。CMPが普及する前の古典的な平坦化の方法です。リン

2. アニールと不純物活性化

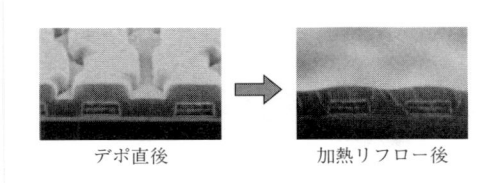

図 8.3　BPSG リフロー（900℃）

　(P) はゲッター剤で外部からデバイスに進入してくる汚染物質を捕まえて固定します。Na^+ イオンが典型ですが，これがシリコン中に入ると巨大な荷電粒子として振る舞うので，トランジスタ特性に影響してきます。BPSG の使用によってデバイスは安定して動作することができます。

　図 8.3 はリフロー前後のものですが，加熱により BPSG が溶けて段差を埋め平坦化されていることがよくわかります。現在の先端デバイスでは，リフローだけの平坦化では不十分なので，加えて CMP で平坦化しています。

　CVD 膜もデポ後の加熱で膜質は向上するので，そのような目的で加熱することもあります。Low-k 剤でもある SOG や SOD も，キュア（Cure）と言って 400℃ 程度で加熱し改質させています。

2つの目的

　デバイス製造の最後の方にシンター（sinter），H_2 アニール，またはアロイ化という工程があります。N_2 雰囲気または H_2 雰囲気中で，400～450℃ 程度の温度で加熱処理するものです。これには 2 つの目的があり，1 つはアルミ金属の強化です。アルミはスパッタしただけでは弱すぎて使えません。電流を流すとすぐ切れてしまいます。エレクトロマイグレーションという現象で，アルミが移動して断線します。マイグレーションにはストレス性のものもあります（ストレスマイグレーション）。

　デバイスは積層構造で，アルミ配線はサンドイッチ状に絶縁膜で挟まれているため，常にストレスを受けています。アルミを強化するために加熱します。

第 8 章　サーマル装置とプロセス

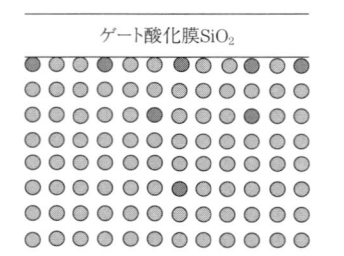

図 8.4　H による終端（ターミネーション）

アルミの結晶は寄り集まってより大きな結晶へと成長し，簡単には移動しなくなります。ちょうど砂粒が集まって岩になるようなものです。顕微鏡で観察すると，加熱前には砂砂漠だったようなアルミの表面が，干からびた田んぼのような大きなアルミ結晶に成長しているのが確認できます。

2 つ目の目的は結晶欠陥の緩和です。半導体工程では結晶にとって過酷な条件で行われています。荷電粒子のダメージではインプラ，プラズマ CVD やエッチング，物理的なものではイオンの衝撃力，熱による歪みなどさまざまです。結晶は至る所が傷だらけになっています。これらシリコン中の結晶欠陥はキャリアの移動を阻害して特性を悪くさせます。またゲート酸化膜とシリコンの界面などでは，結合がそこで切れていますから，電気的に不安定です。

H_2 処理では水素が切れているこれらのシリコン結合端と結び付いて終端します。これを水素終端，ターミネーションと呼びます。これにより，見かけ上欠陥がないことになり，特性は安定し向上します。まさに魔法のようなプロセスです（図 8.4）。

金属汚染

インプラ後の活性化は前項で述べました。インプラでもそうですが，シリコン面を相手にするプロセスでは，金属汚染は最も避けなくてはなりません。

拡散係数 D というものがあります。1 秒間にどのくらい広がるかで，単位

は cm²/sec です。ヒ素（As）やアンチモン（Sb）は重いので，拡散係数は低く，浅い接合向きです（1000℃で10^{-15}台）。ボロン（B）は軽い物質で拡散係数が高く，浅い接合が作れません（1000℃で10^{-13}台）。したがってBF_2^+など重い材料が登場しました。大雑把に言えば，1000℃で1時間に$1\mu m$拡散します。これに対し金属は，種類や温度にもよりますが10^{-6}台もあります。あっという間にシリコンを突き抜けてしまいます。熱工程に入れる前には，金属汚染物，有機汚染物を確実にクリーニングしておく必要があります。

3 低温化の問題

このように熱工程にはいろいろありますが，近年サーマルバジェット（熱履歴）や低温化が問題化してきました。第13章のインプラで取り上げますが，トランジスタの種類と数は増加の一途で，インプラ回数も増加しています。インプラ後は熱をかけなくてはならず，熱工程を経るごとに不純物は薄くなり，かつプロファイルを変化させながらシリコン中を拡散していきます。熱履歴を制御しないとデバイスが作り込めなくなってきました。

以前は，FEOL（前工程）は素子を作る所なので高熱は問題なく，BEOL（後工程・配線工程）のみ500℃以下で行えば事足りていました。現在では，デバイスの複雑さや微細化に加えて，熱に弱い素材の導入などによって，FEOLでも低温化せざるえない状況になりました。Low-kなども低温でプロセスしなくてはなりません。低温化の一つのアイデアはRTP（Rapid Thermal Process）です。

短時間に加熱するもので，インプラ後の不純物拡散を抑えて浅い拡散層（シャロージャンクション）を作ることができます。拡散炉はじわっと温泉型，RTPはサウナ型かも知れません（図8.5）。

ただし急激な加熱や冷却はシリコン面へスリップ転移という欠陥を走らせる

第 8 章　サーマル装置とプロセス

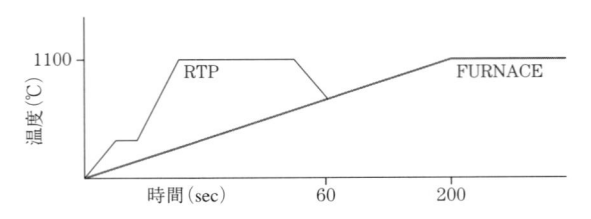

図 8.5　拡散炉と RTP の温度制御

こともあり，注意が必要です。現在の装置では，拡散炉は，RTP の要素を取り入れてより急加熱できるよう，また RTP はゆっくり加熱できるような構成に移ってきました。お互いの良いところに学んだ結果です。

第9章

プラズマ装置とプロセス

　半導体プロセスには真空を応用した装置が多く見られますが，その中でもプラズマと呼ぶ放電を利用したものが多数を占め，真空装置イコールプラズマ装置といったところです。プラズマCVD，プラズマドライエッチング，アッシャー，PVDやインプランテーションがそうです。半導体でプラズマとは直流や高周波放電のことです。放電しやすくするため，また反応生成物を排気し取り除くために真空にします。

1 プラズマ放電

放電現象の利用

　図9.1は放電でのイオン化と励起を表した模式図です。減圧状態にした管中にガスを導入して外部から電圧を加えると，電子が電界などにより加速され，ガス分子などに衝突します。すると原子内部の電子が飛び出てイオン化する場合と，電子が飛び出さないまでもより外側の軌道に移って励起状態になる場合とがあります。励起状態は不安定であり，またもとの軌道に戻って安定する場合と，近くの物質から電子を引き抜いてきて安定する場合があります。

第9章 プラズマ装置とプロセス

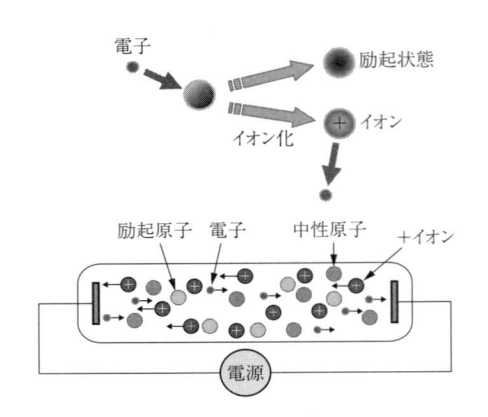

図9.1 放電現象

　この電子のやりとりは化学反応そのものですから，エッチングなどが進むわけです。特に原子などが励起状態をとり，化学的に活性になったものをラジカルと呼びます。ラジカルは中性です。よって放電管の中などでは中性原子や分子，電子，励起状態の原子やラジカル，イオンが混在した状態になっていると考えられます。

　ドライエッチのことをよくプラズマドライエッチと言いますが，プラズマとは"形成"とか"ごちゃ混ぜの"という語源で，アメリカ人のラングミュア（Langmur）という研究者が名付け親です。放電現象で身近なものは，蛍光灯やネオン管です。CVDやドライエッチ装置も原理的にはまったく同じです。蛍光灯はプロセスチャンバそのものであり，内部のアルゴンガスや水銀蒸気はプロセスガスに相当し，電源の100 Vはプラズマ装置では高周波が用いられますが，同じ交流です。蛍光灯の放電を安定させる安定器（コイル）はチューナ（整合器）というものになります（**図9.2**）。実際には真空装置になるので，チャンバの周辺にはいろいろな部品が取り付けられます。ウエハを搬送する装置や周辺機器の他に付帯設備があります。

　蛍光灯は手で触れることができます。暖かい感じがしますが低温です。プラ

1. プラズマ放電

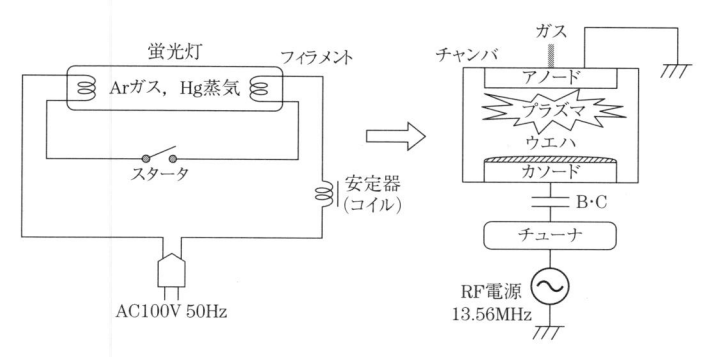

図 9.2 蛍光灯とプラズマ装置

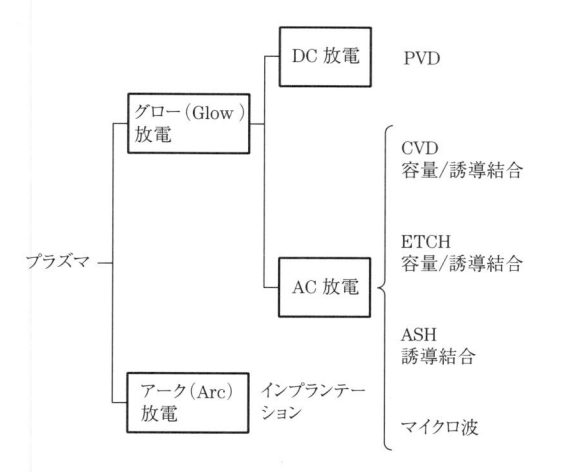

図 9.3 プラズマ装置の分類

ズマを使った装置はエッチングでも CVD でも低温プロセスになります。一般に化学反応を起こさせるには，高温，高圧，大きなエネルギーが必要ですが，プラズマ放電を使うと少しのエネルギーで化学反応が進みます。高温にする必要も，大きなエネルギーもいりません。配線工程の BEOL などでは金属の酸

化を抑えるためやトランジスタ特性維持のため，500℃程度以下の低温でプロセスを行わなくてはなりません。プラズマ放電を使った低温プロセスはまさにうってつけなわけです。図9.3にプラズマ応用装置の分類を示します。半導体のプラズマはグロー放電とアーク放電に分かれます。

グロー放電

　グロー放電のグローとは光輝くといった意味で，弱いプラズマです。イオン化率は大変低く，数％以下と言われます。実際にはほとんど生ガスそのものと言っても良いくらいです。半導体プロセスではそれで十分であり，逆に低温プロセスとして用いられることになります。これらは直流（DC）を使うもの（PVDなど）と交流（AC，実際は高周波）を使うものとに分類されます。

　PVDの場合には，ターゲットの多くは金属であり，電流を流すことができるので放電は安定して持続します。一方，ウエハそのものをエッチングしたり膜をデポジションさせる場合には導電性の膜は稀であり，多くは絶縁体を扱います。絶縁体中では直流放電が維持しにくいので，代わりに交流で放電させる，つまりプラズマを発生させ，かつ持続させています。

　交流は周波数の高い高周波を使い，絶縁体中でも電流が通りやすいようにしています。実際の周波数は13.56 MHzが多く，これらは世界的に採用されているISM（工業周波数）というもので定義されています。ISMの中にはマイクロ波（2.45 GHz）も含まれ，こちらは一部半導体装置で使われています。またアーク放電の応用例はインプランテーションで強いプラズマによりイオン化率を上げています。

2 プラズマ応用装置のカップリングによる分類

　プラズマ応用装置は真空装置であり，高周波エネルギーをどのようにチャン

2. プラズマ応用装置のカップリングによる分類

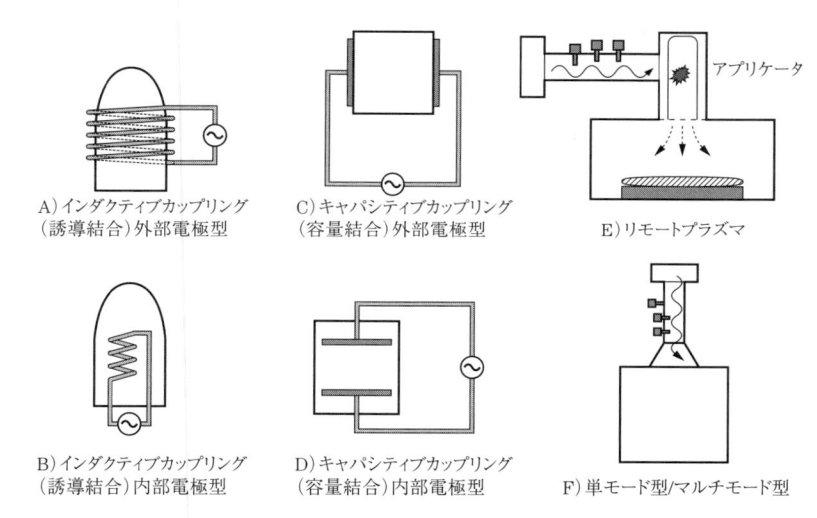

A) インダクティブカップリング
(誘導結合) 外部電極型

C) キャパシティブカップリング
(容量結合) 外部電極型

E) リモートプラズマ

B) インダクティブカップリング
(誘導結合) 内部電極型

D) キャパシティブカップリング
(容量結合) 内部電極型

F) 単モード型/マルチモード型

図 9.4　プラズマ装置の結合（カップリング）方式

バに注入するかで図 9.4 に示すタイプのどれかに分類されます。

　A のタイプは誘導結合（コイル）によってプラズマを発生させるもので，アッシャー（レジスト灰化装置）などに用いられています。

　B のタイプの応用はあまり見当たりませんが，PVD の一種である IMP（Ion Metal Plating）での応用が見られます。

　C のタイプはリモートプラズマといって，発生したプラズマを別の処理チャンバへ導くような装置で利用されます。化学的なエッチングなどに応用されます。

　D のタイプは平行平板型と呼ばれ，プラズマ装置の主流です。電極がちょうどコンデンサのような構造になり，両電極に発生する電界を積極的に利用してプロセスを行います。このあたりの解説は第 11 章，第 12 章で行います。内電極タイプは電界を積極的に利用しイオンの衝撃力で化学反応をアシストしますが，電極からの金属汚染などを考慮する必要があります。外電極タイプはこの

点有利ですが，チャンバは金属以外で作る必要があります。また，誘導結合型はプラズマが発生しにくいとも言われます。誘導結合と容量結合の組み合わせで高密度プラズマ装置として実用化されているものもあり，多種になってきています。

Eのタイプはリモートプラズマと呼ばれ，プラズマ発生室とプロセス室が分離されていて電界や荷電粒子の影響のないエッチングなどを実現します。CDE（ケミカルドライエッチ）に利用されます。プラズマはアプリケータと呼ばれるプラズマ発生室にマイクロ波を当てて作ります。一種のキャビティ（共振器）になっていて，内部にはクオーツかサファイヤのチューブが納められています。

Fのタイプはマイクロ波を使った CVD やエッチング装置に多く見られます。単モード型はチャンバがキャビティ（共振器）として働くようデザインされたもので，高密度プラズマを作ろうとするものです。放電現象はキャパシタとして働くので共振条件（モード）を揃えにくくなります。そのため，多モードでプラズマを作るものをマルチモードと呼びます。マルチモードでは内部の電界強度は場所によって違うので，プラズマ密度も当然違ってきます。プラズマは拡散するので実用的にはあまり問題にならないようです。

3　ECR

図 9.5 は ECR（Electron Cyclotron Resonance）を応用したプラズマ発生装置で，エッチングと CVD 装置があります。875 ガウスの磁場と 2.45 GHz のマイクロ波の組み合わせで，電子がサイクロトン共振することを利用してプラズマを発生させます。高真空下で高密度プラズマを作ることができるためプロセスによっては有利ですが，大きな電磁石を必要とするので大口径化には難点があります。

3. ECR

図 9.5　ECR 装置

図 9.6　ヘリコン波プラズマ発生装置

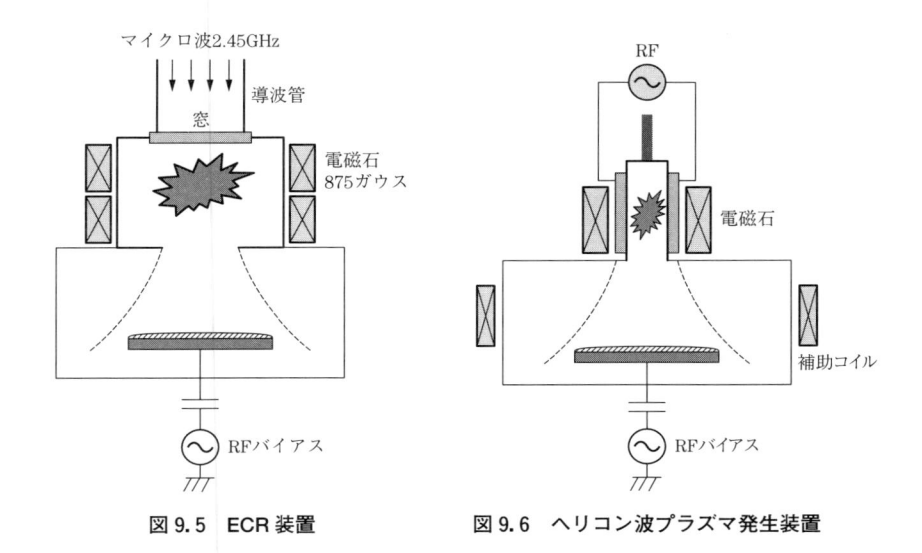

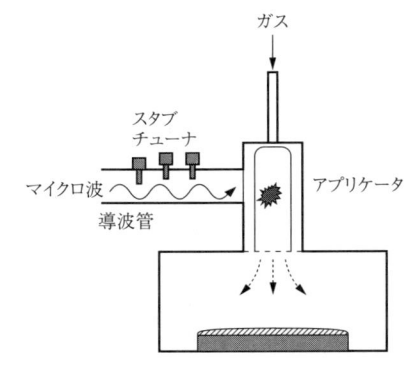

図 9.7　CDE（ケミカルドライエッチ）

　図 9.6 はヘリコン波プラズマ発生装置です。マイクロ波の代わりに RF を用いると，低磁場でも ECR 共振するので装置自体が小型化でき，大口径に向いていると言われます。

図9.7はCDE装置で，アプリケータと呼ばれる金属の筒が共振器になっています。内部にクオーツかセラミックス，サファイアチューブが納められ，ガスが導入されます。そこに導波管を通してマイクロ波が照射されるとプラズマが発生します。プラズマ中で生成された活性種がチャンバへ導かれ，エッチングが行われます。電界の作用が働かないため，純粋に活性種による化学的なエッチングができます。

4 シース

プロセスチャンバ内部では化学反応と物理反応が同時に起こっています。CVD，エッチング，PVDなどはどちらを優先的に使うかで特性が決まります（**図9.8**）。チャンバの中で発生するシースについて，学問的には正確でありませんが，次のように考えます。

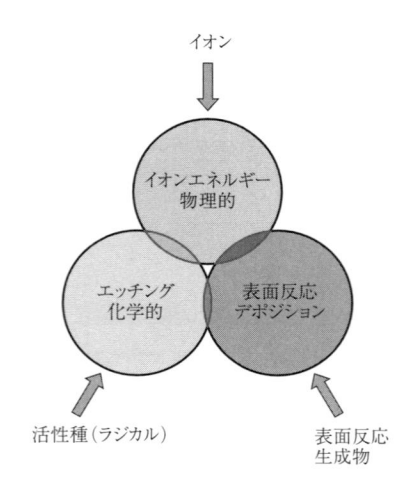

図 9.8　プラズマ現象

4. シース

　平行平板形電極中で高周波放電を起こすと，電子とイオンの対が発生します。この時，モビリティ（移動度）は電子の方が圧倒的に軽いので大きく，イオンは重いので小さくなります。電子は電極の極性に応じてただちに電極に飛び込み電流となりますが，イオンは電極の極性変化に追従できずなかなか電極に到達できません。

　イメージとして，電流は電子によるものが支配的になります。プラズマの定義では中性ですが，取り残されたイオンとの間に電位差を持ちます。これがバイアス（片寄という意味の BIAS）です。このままではプラズマ中から電子が吸い取られるようになくなってしまい，プラズマを維持できません。そこでシースが登場してきます。電極に飛び込んだ電子によってマイナスの電圧が電極に発生し，**図9.9**中のB.C（ブロッキングキャパシタ）に充電されるため，後から来る電子を弾き返します。こうしてイオンと電子のバランスが保たれ，したがって電子の消滅を免れることができ，結果プラズマは維持されます。

　シースは電極前面にわたって発生し，そのまわりを遅いイオンが取り巻いているように見えます。シース（Sheath）とは鞘のことで，総称してイオンシースと呼びます。

　イオンシース中ではプラズイオンは加速され，運動エネルギーを得てウエハ

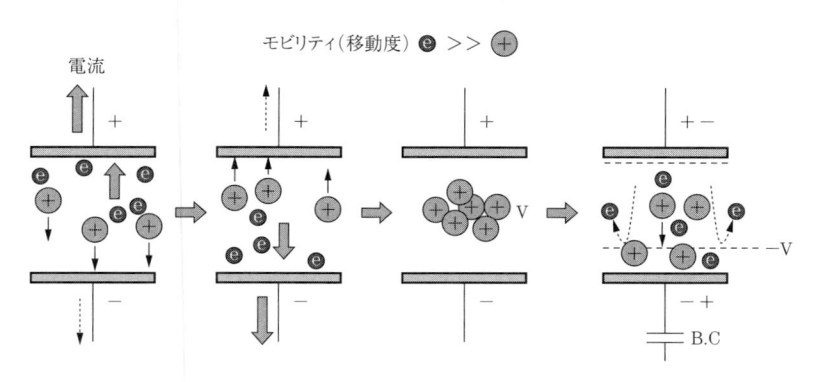

図9.9　プラズマ中のイメージ

第9章 プラズマ装置とプロセス

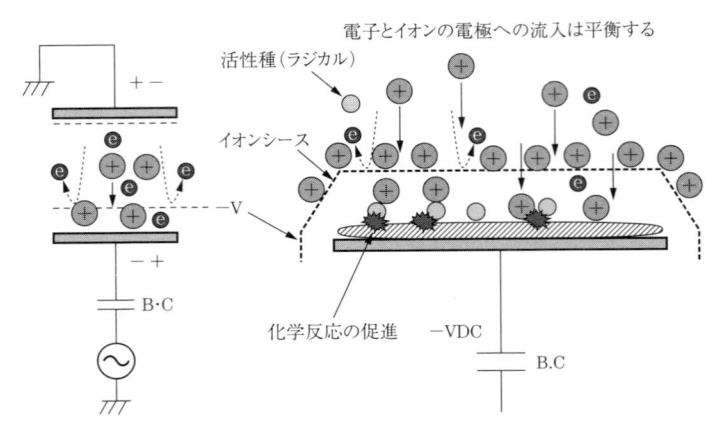

図9.10 シースの発生

に衝突します。その時運動エネルギーが熱エネルギーに変換され，化学反応を促進したり物理的にエッチングしたりします（図9.10）。プロセスでは重要な現象です。

　シースは真空度によって異なり，真空度が高いと厚くなります。シース内では電子があまりないのでプラズマ発生が抑えられて周辺より暗くなり，ダークスペースなどと呼ばれることもあります。より物理的な作用が必要なプロセスでは，真空度を上げて平均自由工程を長くし，イオンが十分加速できるようにしなくてはなりません。しかし，プラズマ発生率は下がるので，別の方法で補う必要も出てきます。

　シースはチャンバの壁や対向電極でも発生するので，シース内で加速された重いイオンの衝撃で表面のコーティングが剥げたり，ボロボロになったりします。しかしこれは，プロセスでは必要なことです。半導体装置ではこのシースを高めてイオンを加速させるため，下部電極にブロッキングキャパシタを通して給電しています。これをRFバイアス（RFとはラジオ周波数のことで，一般には工業周波数の13.56 MHzを用います）と呼びます。

//

第10章

PVD 装置とプロセス

1 PVD 装置の働き

　PVD (Physical Vapor deposition) は物理的気相成長と訳されますが，アルゴンイオンをターゲットと呼ぶ金属板に当てて金属原子を叩き出し，反対側に置かれたウエハに成膜させるものです。スパッタとも言いますが，スパッタ (Spatter) とは焚き火などでパチパチと音を立てるような状態を言います。

　図1.8 (21頁) に PVD 装置の概略を示したので参照してください。ベース圧力は 10^{-7}Pa 台 (10^{-9}Torr 台) で，半導体製造装置としては最高の真空レベルです。残ガスがあると膜質に強く影響してしまいます。真空チャンバへはアルゴンガス，N_2 などが導入され，クライオポンプで排気されます。上部にはターゲットと呼ばれる金属の板が取り付けられていて，放電によって発生したアルゴンプラスイオンが電界で引き付けられ，ターゲットに激しく衝突します。金属原子はターゲットから弾き出されて反対側に置かれたウエハに付着し，膜へ成長します。

　ウエハはペディスタルという台座に置かれますが，下部には加熱源があり，プロセス中は常温から高温まで加熱されます。また，アルゴンガスをウエハ裏

図 10.1　磁場による電子の
サイクロトン運動

面に導入し，熱伝導と熱均一性を良くしています。加熱温度は膜のストレスや結晶を決める重要な要素になっています。プラズマ放電を効率よく起こさせるため，永久磁石がターゲットの裏側に配置され，モータで駆動されています。磁力線にそって電子はサイクロトン運動と呼ぶ螺旋運動を起こし，より多くのガス分子に衝突してイオン化させるので，高密度プラズマが生成されスパッタレートが向上して量産性が上がります。同時にエネルギーも強くなり，良質の膜がスパッタされます。これはマグネトロンスパッタと呼ばれています（**図10.1**）。

2 クラスターツール

　装置は超高真空を扱うため大型化しています。よく見かける装置はクラスターツールと呼ばれる宇宙ステーションのような格好をしています（**図10.2**）。
　トランスファチャンバを中心にプロセスチャンバが接続されています。手前のカセットロードロックチャンバからロボットがウエハを搬送していきます。こうしておくとウエハが奥のチャンバに搬送されるにつれ真空度が高くなっていくので，プロセスチャンバまで来ると最高真空度でプロセスが行われることになります。複合膜を連続して付けられることや多種プロセスへ対応可能であるとの理由で，多くの装置メーカーが取り入れているデザインです。
　シリコン面へスパッタする場合には注意が必要です。シリコン面には空気中の酸素，水蒸気と反応してできた自然酸化膜（Native Oxide）が付いています。室温なので数ナノ程度と薄く弱い膜ですが，絶縁膜であるため抵抗増大などの

3. PVD プロセス

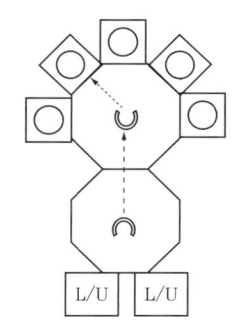

図 10.2　クラスターツール

問題があります。PVD で成膜する前に除去しなければなりません。CF_4 やアルゴンガスによるエッチングでシリコン面の自然酸化膜を除去するプレクリーンチャンバ（前処理）も装置に組み込まれています。

3 PVD プロセス

　図 10.3 はデバイス中での PVD と CVD 膜の使用箇所を示しています。ここ数年のトレンドとして CVD 膜の応用が広まってきましたが，PVD は古くからあるこなれたプロセスです。ゴミの発生や副生成物がなく膜質も良好で，ターゲットを替えることで膜種を変更できるなど多くの利点があり，今でも多く使われています。配線膜への応用が多いのですが，特に低温で行う必要がある絶縁膜を付けたりするプロセスもあります。

　バリア層（バリアレイヤー）とは障壁用の膜のことです。図 10.3 では TiN がバリア層ですが，W プラグ CVD の時，CVD ガスである WF_6 が分解してできる F が下地のシリコンと反応してエッチングしてしまいます。虫食い状にシリコンがエッチングされるのでワームホール（虫の穴）と呼びます（**図**

第 10 章　PVD 装置とプロセス

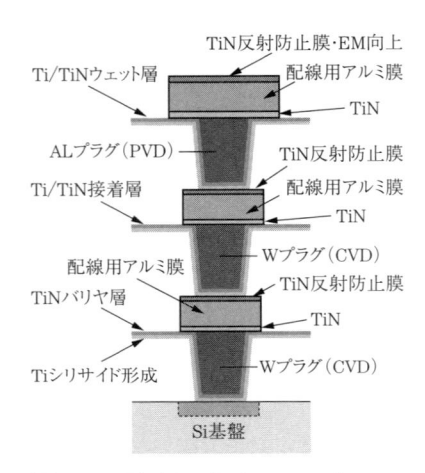

図 10.3　デバイス中での PVD プロセス

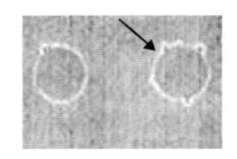

図 10.4　コンタクト底部シリコン面のワームホール

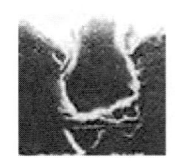

図 10.5　アルミスパイク

10.4）。シリコンがエッチングされるとコンタクトに悪影響を及ぼすので、反応を起こさせないためにバリア層で F の進入を防いでいます。

　アルミの場合も下地がシリコンだと反応し、シリコンを吸い上げてしまいます。吸い上げられたシリコンの所は三角形に空洞ができるのでアルミスパイクと呼んでいます（**図 10.5**）。この場合もアルミとシリコンの間にバリア層が必要です。

　接着層はアドヒジョンレイヤーとも言います。膜は PVD にせよ CVD にせよストレスを持っています。中にはストレスが強すぎて膜との相性が悪く、剥が

3. PVD プロセス

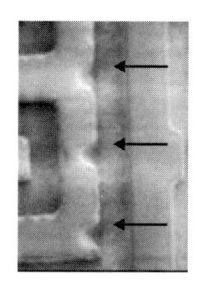

図 10.6 レジストの反射障害

れてしまうものもあります。CVD タングステンなどが一例ですが，そのままではデポジションできない場合に，間に仲立ちをする膜を入れる場合があります。TiN は酸化膜 SiO_2 とも CVD タングステンとも接着するので接着層として多用されます。

ARC 反射防止膜（アンチリフレクションレイヤー）はフォトリソ工程で膜からの反射が強すぎる場合に用いられます。反射を抑えてレジストがオーバー露光にならないようにしています。特にアルミ配線では反射を起こしやすいので，TiN などをアルミ膜の上に成膜しています（**図 10.6**）。配線は EM（エレクトロマイグレーション）対策やコンタクト，VIA への接続要求から多層になっていることが多く，プロセス的には連続成膜が要求されます。副生成物やゴミ発生の面からは CVD より PVD の方が有利です。

ターゲットから飛んできた金属原子は，構造体の上で少し移動してからお互いにくっ付き合って膜に成長していきます。この時のエネルギーと基板の温度

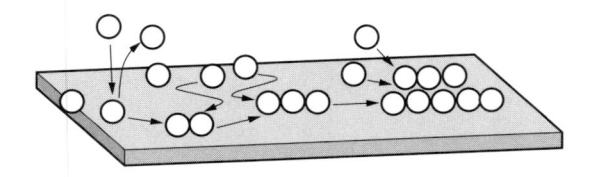

図 10.7 結晶成長

が膜質に影響してきます。バーベキューの時，鉄板を熱くしてから水をかけると水が小さな玉になってあちこち動きまわりますが，イメージは似ています。鉄板の温度が低い時は水はゆるやかに流れるだけです。

　成膜も似ていて，アルゴンガス圧力と温度の関数で，低圧で高温であるほど，金属原子は互いに結合し，強い結晶へ成長します（島状結晶から結晶構造へ）（図 10.7）。マグネトロンスパッタはエネルギーが高く，強い膜ができます。

4 PVD 薄膜構造

　PVD 薄膜構造のモデルとして有名なものは Thornton です（図 10.8）。基板温度 T とその金属の融点温度 T_m の比（規格化している）とアルゴン圧力 mTorr の関係上で，結晶構造がどう変化するかを表しています。

　温度と圧力の違いで4つの領域に分かれた膜成長をしています。タングステンなどは典型的な柱状結晶が見られます。

　PVD 薄膜はスパッタ後に加熱して膜質を改善する場合があります。アルミニウムは配線として典型的な材料ですが，スパッタしたままでは弱すぎて使え

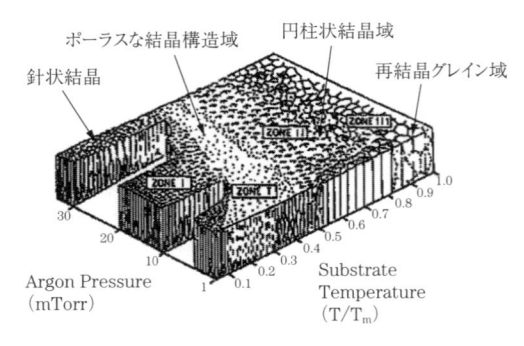

図 10.8　PVD 薄膜構造の Thornton モデル
（参考文献 2 より引用）

ません。結晶が弱いと，電流を流した場合，金属原子が移動して配線が切れてしまうという，いわゆるエレクトロマイグレーション（EM）を起こしにくくなります。そこでエッチング後に焼結（シンター）プロセスを行い，ファーネス中で加熱します。すると金属原子同士が強く結合して大きな結晶へ成長します。たとえてみれば砂粒から岩へ成長したようなものです。砂粒は水の流れで簡単に流されてしまいますが，岩は流されません。

アルミでは真空度が悪い状態でスパッタしたものは，膜表面の反射率が低下して曇った状態になります。結晶構造が違ってくるためです。軽いものでは，ウエハ表面に牛乳を垂らしたように筋ができるのでミルキーなどと呼んでいます。このようなアルミ膜では，焼結させてもアルミの原子同士が結合せず，細かなままです。電流を流すとすぐに配線が切れるので，製品は不良になります。

PVDでは真空度が結晶構造やマイグレーション耐性，ストレスなどを決めるので，真空の管理に注意が必要です。リークレートは良質な膜を期待して10^{-7}～10^{-6}Pa·m^3/sec（10^{-6}～10^{-5}Torr·L/sec）が適当と言われます。膜を付けた後は反射率や比抵抗，ストレスなどの測定を行い，厳密に管理する必要があります。特に反射率の測定は簡単にできて結晶構造を反映するので，管理項目に採用されています。

5 薄膜の評価

ステップカバレッジ

金属膜が構造体上にどのように付くかはステップカバレッジというもので評価されます。段差被覆性と言います。**図10.9**はコンタクトホールでのステップカバレッジを表したものです。コンタクトの開いていない平面は付きやすく，通常ここをステップカバレッジ100％とします。それに比べ，コンタクト底部

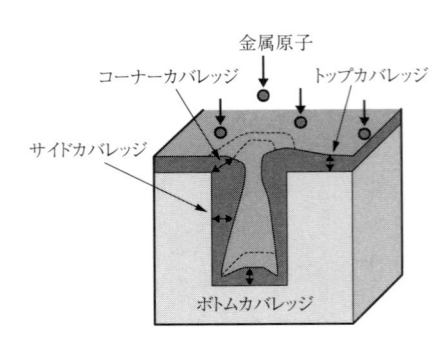

図 10.9　ステップカバレッジ

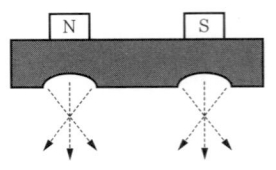

図 10.10　エロージョンによる斜め成分

図 10.11　ターゲット（新品左，使用後右）

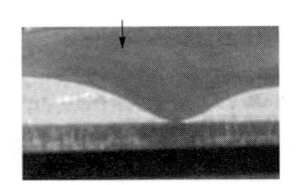

図 10.12　エロージョン

は少ししか膜が付きません。ここをボトムカバレッジと言います。

　ターゲットはマグネトロンプラズマでスパッタされますから，磁場の強い所ほどスパッタ作用が強く出ます。使用後のターゲットを見るとエロージョンという現象が観察されます（**図10.10，10.11，10.12**）。PVDは原理的に垂直成分が主であるため，トップカバレッジは，斜め方向には成膜しないと思われがちですが，このエロージョンによってターゲットから少し斜め成分の方向をもった金属原子がスパッタされて飛び出していき，コンタクト側壁や開口部にも成膜します。この斜め成分がないとサイドカバレッジはゼロになり，コンタクト内で配線は作れなくなります。いわゆる断線になってしまいます。

　コンタクトの間口は斜めから飛んでくる金属原子によって厚めに成膜します。このまま続けると間口が塞がってしまい，それ以上金属が中に入らなくなりま

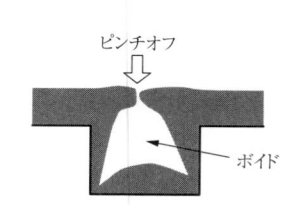

図10.13　ピンチオフとボイド 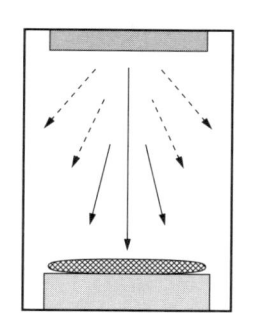　　　図10.14　ロングスロースパッタ

す。この現象をピンチオフと言い，できた空洞をボイドと呼んでいます（**図10.13**）。一般にアルミなどの軽金属は直進性がないので，ボトムカバレッジは悪くピンチオフしやすいものです。タングステンなどの重い金属は直進性が出るので，コンタクト底面などへも比較的よく成膜します。

　直進性を良くしボトムカバレッジを向上させる目的で，ロングスロースパッタというものがあります。ターゲットとウエハ間を広げて金属原子の飛距離を長くし，直進成分をなるべく利用しようとする試みです（**図10.14**）。しかしながら当然成膜レートは落ちます。

　Cu配線などではメッキの前にシードレイヤーといって電気を流すための金属膜を付けますが，微細なコンタクトなどには通常のPVDでは成膜できないので，IMP（イオンメタルプレーティング）という装置が開発されました。構造的には**図10.15**のようにターゲットと下部ペディスタル間に第二のターゲットとでも言うべき電極を配置し，ここでプラズマを発生させます。ターゲットから叩き出された金属原子は中性ですが，プラズマを通過する間にプラスに帯電します。これをバイアス電源で引っ張ってウエハに引き寄せ，直進性をもたせるものです。金属成膜の分野で古くからある技術でしたが，半導体で再び脚光を浴びました。いずれにせよ斜め成分がまったくゼロでは側面へ成膜できないので，両者の兼ね合いでプロセスは作られています。

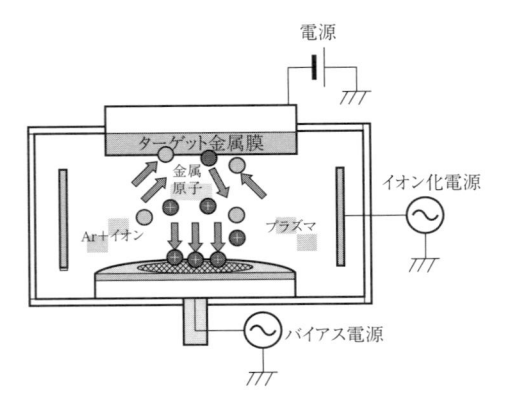

図 10.15　IMP（イオンメタルプレーティング）

高温アルミ技術

　PVD は後述する CVD に比べてステップカバレッジが良くありません。物理的に金属原子を叩き出すことで成膜させているためです。特にアルミは軽金属で綿をちぎって小さな穴へ投げ込むようなものです。穴の中にはあまり入りません。そこで高温にして流し込もうというアイデアが出てきました。高温アルミという技術です（**図 10.16**）。

　通常のアルミ PVD では埋め込めないような小さなコンタクトやバイアスへ高温にしたアルミを流し込んでフィリングします。そのため下地のバリア層膜は，チタンのようなアルミが流れやすいものを使用します。高温アルミは，逆

通常PVD
常温〜150℃

高温アルミ埋め込み
400℃以上

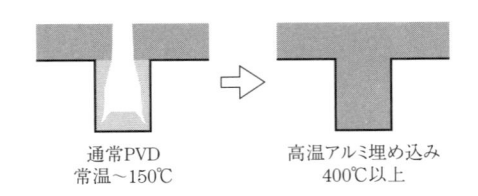

図 10.16　高温アルミ

に大きな開口のものはできないので，小さいことを逆手に取ったプロセスです。ただし何百万個という穴すべてに 100% 埋め込む技術は大変困難なものです。アルミは高温にすると結晶が大きく成長します。ちょうど小さな砂粒が集まって大きな岩を作るようなものです。EM 耐性も向上しますが，強くなった分エッチングはしにくくなります。

配線の信頼性

　信頼性はほとんどが配線で決まります。FEOL での問題はあまりありません。トランジスタのような素子はシリコンでできているので石のようなものです。配線には気の遠くなる数のコンタクトとバイアがあり，配線が接続されています。接続箇所はすべて十分な低抵抗で信頼性良く接続されている必要があります。配線も電流を流してから抵抗が上昇したり，切れて断線しないよう，強くしないといけません。エレクトロマイグレーション（EM）対策のため，PVD は厳密な管理を要求されます。真空度が悪い状態で成膜したものは EM がもたず，お客様へ出荷してからトラブルを起こしたりもします。エロージョンの具合は刻一刻と変わるので，斜め成分も変わります。それにつれ，カバレッジも

表 10.1　PVD と CVD 比較

PVD	CVD
安価	高価
不活性ガス使用	危険なガス使用
高品質膜	膜質が悪い
コンディションが安定している	コンディション維持が大変
パーティクルが少ない	パーティクル多い
副生成物があまり出ない	危険な副生成物の発生
膜種の変更が簡単	ステップカバレッジが優れている
ステップカバレッジが悪い	
相性の悪い膜がある	

変化し，デバイスへの影響も変わってきます。いつターゲットを交換したら良いか，デバイスごとにスペックが違い，エンジニアを悩ませることとなります。

　PVDの致命的欠点は微細化に不向きということでしょう。比較のため**表10.1**にPVDとCVDの特性を示しました。PVDの欠点はCVDの優位な点となっています。しかしまだまだ有利な点も多く，数々の延命策が考えられています。IMPやロングスローなどもその例です。カバレッジはさすがにCVDに譲るところです（**図10.17**）。

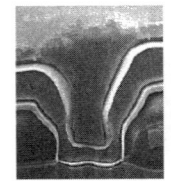

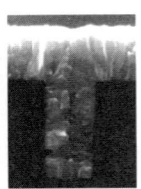

PVDアルミ　　CVD-W
　　　　　　カバレッジ100%

図10.17　カバレッジ比較

第 11 章

CVD 装置とプロセス

1 CVD とは

　CVD とは Chemical Vapor Deposition の略で，化学的気相成長と訳されます。薄膜を堆積（デポジション）させる技術なのでしばしば雪にたとえられますが，実際には下地膜との表面反応です。
　たとえば風呂場の鏡が曇るのは水蒸気と鏡表面との表面反応の例で，水蒸気が凝縮して水の膜になったものです。CVD も同じで，熱またはプラズマ（放電）で分解したガス成分がウエハ表面と反応して膜に成長したものです（図1.6（20頁）参照）。ガスが分解して膜が付くと同時に副生成物もできます。これは揮発性が高いので飛んでいきます。
　図 1.7（20 頁）に CVD の種類を示したので参照してください。表面反応をいかにウエハ表面で制御して付けるかが装置的なキーポイントになります。
　常圧 CVD（Atmosphere pressure CVD）は大気圧下でデポジションするものです。量産性に優れていますが，ゴミの発生やデポジションした膜が大気中の酸素や水蒸気と反応するという問題もあります。半減圧 CVD（Sub-Atmosphere CVD）は大気圧の半分程度で行いますが，プロセス特性的には常圧 CVD と同

じで，スループットを稼ぐために半減圧にしているものです。減圧 CVD は数十 Pa 程度の真空にしてデポジションするものです。減圧タイプの熱 CVD はプロセス圧力が低く，比較的高温であるため，膜質は良好でゴミの発生もあまりありません。したがって，トランジスタ周辺への膜付けは減圧 CVD が多く用いられています。以上が熱を使ってデポジションさせるものです。

2 プラズマ CVD

　プラズマを使うものは PECVD（Plasma Enhanced CVD）と呼ばれます。数十から数百 Pa の真空度でプラズマと呼ぶ放電を利用してガスを分解し，デポジションさせます。

　プラズマ CVD は低温で成膜が可能なので，500℃ 以下でプロセスを行う必要のある BEOL（配線工程）などで多用されています。たとえば白熱電球が熱くて手で触れることができないのに対して，放電を利用する蛍光灯は触れることができるのと同じことです。

　高温にすると配線材料のアルミが溶けたり（660℃ で蒸発），タングステンなどの高融点金属（リフラクトリーメタル）でも酸化されて抵抗が上がってしまいます。それでなくとも最近ではトランジスタの構造が複雑かつ種類も多いので，熱工程は極力低温で行う必要に迫られています。しかし低温のため膜質は良好とは言えません。このあたりは妥協の産物となります。Low-k，Hi-k 材料も低温でハンドリングします。

　使用するガス種によっていろいろな膜が付きます。絶縁膜をデポジションする DCVD（Dielectric CVD）と配線材料をデポジションする MCVD（Metal CVD）に分けられます。主なガス種と膜の種類，用途を**表 11.1** に示します。

　微細化によってコンタクトやバイアの径が小さくなり，PVD では良好なコンタクトやバイアが作りにくくなってきたので，今後さらに CVD の用途が増

表11.1 ガス種と膜と成膜

膜種	主原料ガス	添加ガス	用途
SiO_2	SiH_4, TEOS	O_2, O_3　Ar（スパッタ作用）	層間絶縁膜 USG
		SiF_4, TMP, TMB	層間絶縁膜 FSG, BPSG
Poly Si	SiH_4	AsH_3, PH_3（ドーパンド）	ゲート電極材料
Si_3N_4	SiH_2CL_2	NH_3	保護膜，キャパシタ膜
SiN	SiH_4	N_2, N_2O	SAC用スペーサ, Hi-K材料
WxSiy	WF_6	H_2, SiH_4, SiH_2CL_2	ゲート電極材料
W	WF_6	H_2, SiH_4（イニシエーション）	配線，プラグ埋め込み
Ti	$TiCL_4$, TDMAT		コンタクト形成，配線
TiN	$TiCL_4$	NH_3	配線，バリア膜

えていくことでしょう．

3 薄膜の評価

　CVDもステップカバレッジ（段差被覆性）は重要です．**図11.1**はコンタクトホールの構造体にデポジションさせた場合のものです．

　CVDはガスと下地膜との表面反応なので，基本的にガスがまわり込む所にはすべてデポジションします．微細で深いコンタクトへも可能ですが，実際にはガスの供給差や温度分布の差などで均一にはデポジションされません．フラットな膜の上へのデポジションをトップカバレッジと呼びます．コンタクト底部はボトムカバレッジ，側面はサイドカバレッジと呼びます．PVDと同じコンセプトです．

　ガスのまわり込み特性は，一般にボトムやサイドのカバレッジはトップ部に比べ悪くなります．また条件にもよりますが，コンタクトホールの肩になっている部分は他の部分に比べてデポジション量が多くなり，開口部の間口が閉じてきます．これをピンチオフと言います．ガスがそれ以上コンタクト内に入ら

第 11 章　CVD 装置とプロセス

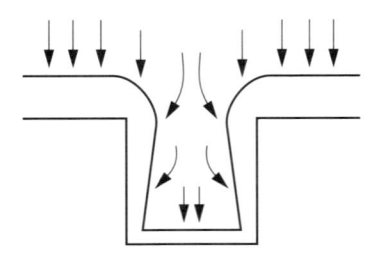

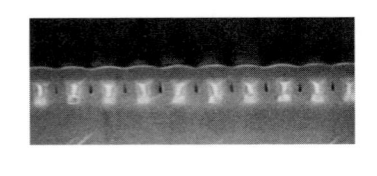

図 11.1　ステップガバレッジ（段差被覆性）

図 11.2　ボイド

なくなるので，以後デポジションはされなくなります（図 10.13 参照）。このままでは空洞（ボイド）ができてしまいます（**図 11.2**）。埋め戻しが完全でない地下鉄工事のようなもので，ひびが入って割れたりして，あとあと信頼性に関わってきます。デバイスによっては問題のない場合もありますが，埋め込みが必要な場合には CVD の条件を変えたりします。

ところで，なぜ開口部の間口部分のデポジション量が多いのかという疑問が出ます。

一つの考え方としては，CVD は表面反応なので膜のある 1 点からガス分子を見た場合に膜トップ面は 180° 開いています。開口部は 270°，ボトムは 90°

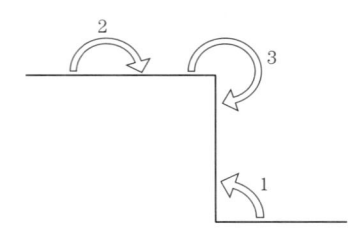

Edge：Top：Bottom＝3：2：1

図 11.3　開口面によるデポジションの差

なので，2：3：1にデポジションされると考えられます（図11.3）。

　CVDのデポジション条件は大きく2つあり，1つは供給律則，もう1つは反応律則です。たとえば供給律則は組立作業者の能力が高く，すぐに作業を終えてしまって原料待ちをしているようなものです。原料，すなわちガス供給が不足がちであり，反応にあずかるガス分子の移動がデポジションレートを決めているような状態のことです。

　反応律則は，原料は十分足りているのに作業者の力不足で進まないような状態です。反応スピードがデポジションレートを決めるため，プロセス温度が重要な条件となります。実際のプロセスではこの2つを使い分けていて，最適な膜質，ステップカバレッジなどを追い求めています。

4 HDP CVD

　現在，埋め込みに関して新しい技術が使われています。図11.3はHDP（ハイデンシティプラズマ＝高密度プラズマ）というものです。

　装置については，第12章3節で紹介しますが，プラズマ発生用のソース源と，発生したイオンを引き付けて運動エネルギーを与えるバイアス源をもったものです。お互い独立して制御できるため，プロセスの自由度が高くなってい

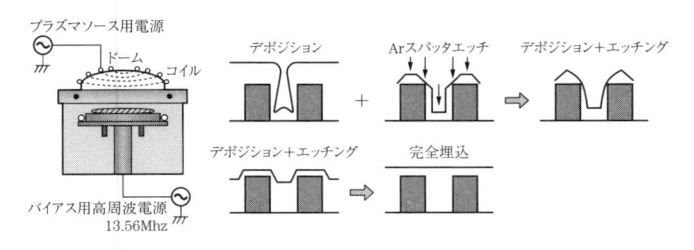

図11.3　HDP CVDによる埋込

ます。

　HDP CVD はデポジションガスとスパッタエッチ用のガスであるアルゴンを同時に添加してデポジションを行いながら，同時にエッチングさせるというものです。

　主要ガスは SiH_4 と O_2 で，Low-k 用で F 添加のために SiF_4 を使うプロセスもあります。アルゴンガスは重いのでバイアス電源で加速されて膜に当たり，スパッタの力でエッチングします。トンカチとノミで石を削るような具合です。前節で述べましたが，コンタクトやバイアスの開口部間口で肩になっている部分はデポジションレートが高く出るので，そのまま続けると間口がピンチオフしてガスが入らなくなります。コンタクト内部に空洞ができてしまうので，アルゴンスパッタエッチで間口を開けてガスを導入させます。間口が開いていればデポジションするので，結局ホール内へデポジションできることになります。

　一昔前は CVD 装置とエッチング装置 2 台を使って交互にデポジション，エッチングを繰り返して実現していました。HDP CVD は 1 つのチャンバ内でこれらを済ましてしまいます。

第12章

エッチング装置とプロセス

1 エッチング装置の働き

　ドライエッチング（Dry Etching）は，フロンや塩素系の反応性ガスを真空容器中で放電によって解離させ，発生した活性種（ラジカル）を膜と反応させて削る（エッチング）プロセスです。フォトリソと相まって微細化構造体を作るものです。30年以上前には薬液を使って膜を削るウェットエッチングというものが主体でしたが，微細化ができないため，現在ではガスを使うドライエッチングが主流です。装置は図9.2右（161頁）に示したような構成です。

　プロセスチャンバは真空容器であり，真空ポンプで排気されます。下部電極（ペディスタルなどと呼ばれる場合がある）と上部電極が容量結合タイプになっていて，この平行電極間にプロセスガスが導入されます。減圧下で高周波によって放電を起こし，下部電極にウエハを置いてエッチングをします。エッチングする膜の種類によってガスが選ばれますが，化学的に活性なハロゲン族を含むガスと不活性ガスが用いられます。

　実際の下部電極は，静電チャックという機構が付いているものが主流です。これはエッチング装置やCVD装置に多く見られ，プロセス中，静電気の力で

第 12 章　エッチング装置とプロセス

ウエハをペディスタルに密着させています。それと併用して，熱伝導度の高い不活性ガスのヘリウムで隙間の空間を埋めているので，熱交換がスムースに行われるというわけです。このためチャンバ下部には静電気を発生させる DC 電源と電極があり，ウエハを乗せる表面には絶縁体がセットされています。絶縁体にはテフロンコートやポリミドシートが多いようです。

　PVD（スパッタ）装置ではアルゴンガスを使ってスパッタするので，ヘリウムの代わりにアルゴンを裏面へ流しています。**図 12.1** に静電チャックの概要を示します。サンドイッチ構造になっていて，He 導入ラインとそのホール，DC 電源と高周波の導入ライン，さらにウエハ搬送用のリフト機構も組み込まれ，複雑になっています。

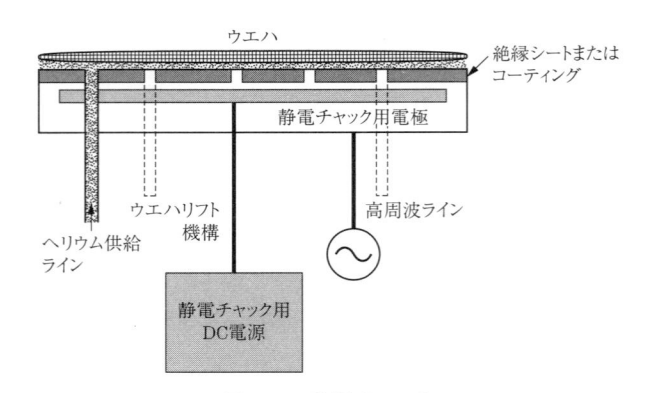

図 12.1　静電チャック

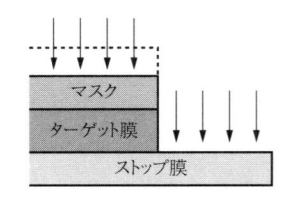

図 12.2　エッチング構造体

エッチングする構造体は一般に**図12.2**に示すようなものです。レジストをマスクとして，エッチングすべき膜をターゲット膜と言います。ターゲット膜の下には通常ストップ膜があります。ストップ膜はSiO_2のことが多いのですが，前工程（FEOL）ではシリコンの場合もあります。

ターゲット膜は速くエッチングしたいのでエッチレートは高く，下地のストップ膜はエッチングしたくないので低く抑えたいものです。ターゲット膜のエッチレートをストップ膜のエッチレートで割った値を選択比と言います。

2 エッチングガス

たとえばシリコン（Si）をエッチングする場合には，CF_4というガスを使います。CF_4がプラズマ放電で一部解離し，＋イオンと電子，それに活性種（ラジカル）がCF_4ガスと混在した状態になります。

活性種ラジカルがターゲット膜表面に吸着すると膜と化学反応を起こし，反応生成物ができます。できた反応生成物は揮発性ですぐに蒸発して飛んでいってしまいます。

これを式にすると式(12.1)のようになりますが，左辺はシリコン（Si）という固体膜であり，右辺は揮発性のガスです。エッチングでは，必ず右辺は揮発性のものでなければなりません。

$$Si + 4 \overset{*}{F} = SiF_4 + O_2 \tag{12.1}$$

$\overset{*}{F}$の記号はFラジカルということを表します。同じようにClラジカルやBrラジカルなどがプラズマ中で作られます。これらは電荷をもたない活性種で，中性ラジカルとも呼ばれています。**表12.1**に各種エッチング膜に対するガスの種類を示します。

エッチングガスには活性なラジカルを作るもの以外にも，不活性ガスや，あえてエッチングを阻害するガスなども添加します。

表12.1 エッチングガス種

	エッチング	デポジション	エッチング／デポジション	イオンアシスト	希釈その他	反応式例
シリコン Si	CF_4	O_2	Cl_2, Hbr		He	$Si + 4\dot{F} = SiF_4 + O_2$ $Si + \dot{Cl} = SiCl$
酸化膜 SiO_2	CF_4 C_4F_8	CO	CHF_3	Ar		$SiO_2 + 4\dot{F} = SiF_4 + O_2$
窒化膜 SiN Si_3N_4	CF_4 SF_6		CHF_3			
アルミ Al	Cl_2 BCl_3	N_2	BCl_3		CH_3, CF_4 H_2O, O_2	$Al + 2\dot{Cl} = AlCl_2$
タングステン W	SF_6	N_2			He	$W + 6\dot{F} = WF_6$

　ラジカルは中性なのでプラズマ中を勝手に動きまわります。**図12.3**に示すように，マスクの下の膜にも横方向からまわり込んで，薬液による化学的エッチングと同じように膜を等方的にエッチングします（Isotropic Etch）。アンダーカット，サイドエッチという現象が起き寸法制御ができないので，何らかの工夫が必要です。

　この時用いられるのがイオン衝撃やデポジションを起こすガスの添加です。**図12.4**に示すように，中性ラジカルによる横方向のエッチングを防ぐために側壁保護膜を作っています。このため，わざとエッチングを阻害してデポジションを起こすガスを添加しています。トンネルを掘る時のシールド工法に似ています。崩れやすい地盤の壁をセメントや樹脂で固めながら掘り進むようなものです。

　エッチングは横方向には進まず，縦方向にだけ進むので，これを異方性エッチング（Unisotropic Etch）と呼んでいます。もちろん縦方向の膜にも保護膜は付きますが，電極間の電界で垂直方向に加速された＋イオンがこの保護膜を常に破壊しているので，縦方向のエッチングは進行します。横方向へのイオン

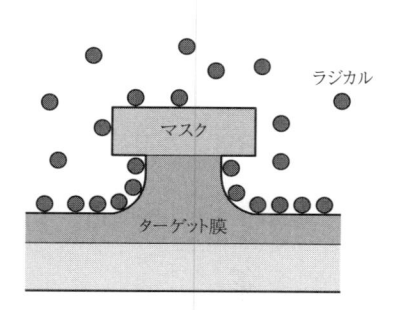

図 12.3　等方性エッチング

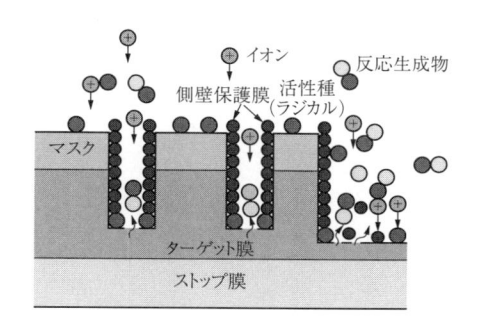

図 12.4　異方性エッチング

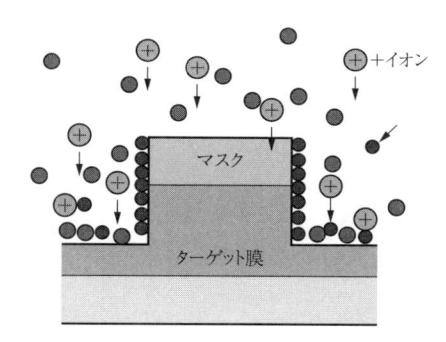

図 12.5　ブロッキングメカニズム

照射は少なく，保護膜は保たれます。これをブロッキングメカニズムと呼びます（図 12.5）。また，デポジション性のガスを添加するのには，下地との選択比を上げるという理由もあります。

3 エッチング作用の種類

　エッチングは物理的な作用と化学的な作用の兼ね合いで行われます。化学的

な作用だけ利用するものを CDE（ケミカルドライエッチ），物理的なものだけ利用するものをスパッタエッチと言います。そしてこれらの両方を利用しているものが RIE や HDP ということになります。装置の多くは下部電極に高周波を供給することによって電圧を発生させ，そこにプラスイオンを引き付けて物理的な作用を働かせるように作られています。すなわち，イオンの運動エネルギーを制御してプロセスに応用しています。以下にそれぞれの特徴を示します。

① CDE（ケミカルドライエッチ）

　フリーラジカルによるエッチングで，化学的なエッチング作用によるものです。ウェット的要素が強い。等方性エッチング，選択性が高い。

② スパッタエッチ

　Sputter etch（物理的スパッタ作用）によるエッチングで，Ar などによる場合が多くなります。異方性，選択性が低い。

③ RIE（Reactive Ion Etching）

　化学的作用と物理的作用の両方を用いたエッチングで，今の主流です。

④ 高密度プラズマ（Hi Density Plasma）

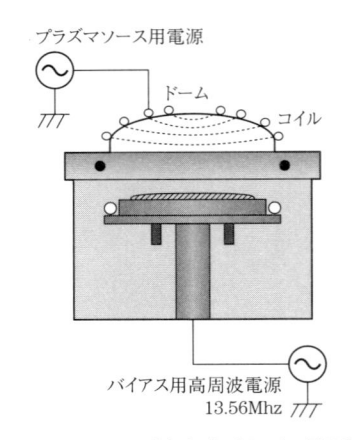

図 12.6　HDP（高密度プラズマ装置）

ここ数年のトレンドです。プラズマを作るソース部とイオンエネルギーをコントロールするバイアス部に分かれていて独立にコントロールできるため，プロセスウインドウが広くなります。コイル状の電極に高周波を加えプラズマを作ります（**図12.6**）。

ウエハの置かれるところは，カソードで下部より別の高周波が加えられます。

⑤　この他に，マイクロ波と磁界の共振を利用して高密度プラズマを発生させる ECR や，ヘリコン波プラズマ装置も実用化されています。

4 形状制御

図12.7 はエッチング形状制御の例です。(A) の異方性エッチは，イオンエネルギーとデポジションガスの組み合わせを調整して実現します。デポジションを強くすると，(B) のテーパエッチになります。また化学的な CDE のようなエッチングでは (C) のようになり，ウエットエッチに近い形状が得られま

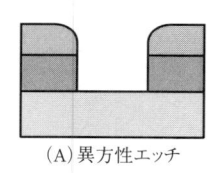

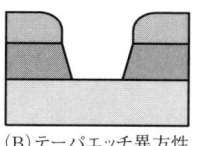

(A) 異方性エッチ

(B) テーパエッチ異方性

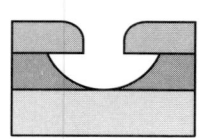

(C) 等方性エッチ
　　ウェットエッチに近い
　　化学的

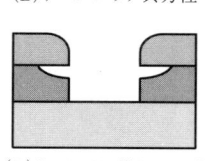

(D) シャンペングラスエッチ
　　等方性＋異方性

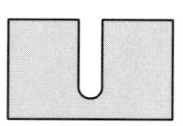

(E) シリコン溝エッチ

図12.7　形状制御

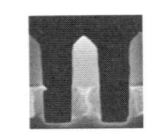

アルミエッチ形状異方性　　シャンペングラス　　トレンチシリコンエッチ

図12.8　形状制御

す。(D) は等方性と異方性を組み合わせて，PVD膜などがコンタクトなどの穴に入りやすいようにするためのテクニックです。

　通常のエッチングではレジストマスクの下にターゲット膜があり，その下にストップ膜があります。ターゲット膜のエッチングが終わると，ストップ膜はエッチングができないか，非常に遅いスピードでエッチングされるので，コントロールは容易です。シリコンウエハに溝を作ったり，トレンチキャパシタやMEMSで加速度センサなどを作る場合には，通常エッチストップ膜がありません。エッチング時間は時間管理かレーザ干渉計などで決めます。実際の形状写真を**図12.8**に示します。

5 問題点

　ここではエッチングでのいくつかの問題点を挙げておきます。一つはアルミエッチで発生するコロージョン（錆）です。アルミエッチではCl_2やBCl$_3$などの塩素系のガスを使用します。エッチングによって塩化物の副生成物が作られ，エッチング終了後にチャンバから大気に取り出されると，大気中の水蒸気と反応して酸ができます。この酸によってアルミが腐食します。アルミが腐食すると当然断線します。またわずかの塩化物が残っていても，あとで悪さをして信頼性に影響します。これをアフターコロージョンと呼びます（**図12.9**）。

　対処方法は水洗が一番ですが，すぐにできない場合には，ホットプレートで

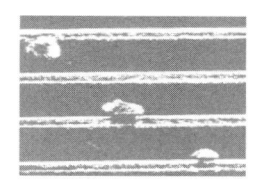

図 12.9 アフターコロージョン

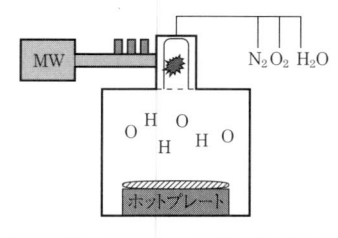

図 12.10 アフタートリートメント装置

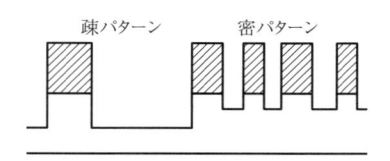

図 12.11 マイクロローティング効果

加熱し塩素を追い出す，フッ素プラズマで塩素を置換する，レジストを燃やして取り除くなどの方法があります。また，レジストを酸素プラズマで燃やし（灰化，アッシング），水蒸気プラズマで塩素を置換するドライ処理もあります。この装置はCDEのような構成で，マイクロ波によるプラズマを使用していて，アフタートリートメントとも言います（**図12.10**）。

マイクロローディング効果は，デバイス上の微細なパターンやコンタクトなどでエッチングレートや選択比などが変化する現象です。**図12.11**は，パターンが密集しているエリアではエッチレートが低くなり，疎パターンでは高くなることを示しています。原因はさまざまですが，イオンやラジカルの入射頻度，プラズマ密度や圧力との関係などで説明されています。

エッチング残渣はエッチングしきれず残ったものです。**図12.12**はくぼんだ形状の壁側に突起状に残った膜の残骸です。ドライエッチではいろいろな条件を組み合わせることができるので，残渣処理のステップを入れることもありま

す。

　リークがあると，N_2とO_2，水蒸気などがチャンバに入り込み，プロセスに影響します。酸化膜（SiO）のエッチングでは物理的なエッチングが主体のため，プロセスへの影響は比較的少なくて済みます。N_2などはデポジション効果を起こすことがあり，コンタクトにテーパが付くことが考えられるので，微細加工では注意が必要です。シリコン面へのオーバーエッチ量の変化を電子顕微鏡で観察することなどが必要です。

　シリコン（Si）のエッチングは塩素（Cl_2）を主体とし，Hbrと酸素（O_2）を添加して形状制御と選択比を向上させています。リークにより酸素が入るとデポジションが多くなり，形状，選択比が変化します。またチャンバ内壁へのデポジションが多くなり，環境が変わってしまいます。シリコンエッチングではチャンバ環境を一定にすることが重要で，メンテナンスなどで一度チャンバをクリーンしてしまうと，特性が安定するまでダミーランを行う必要があります。ダミーランとは，製品のウエハではなく非製品のウエハを使って単にプロセスを行うもので，CVDやPVDでもチャンバ環境を安定させるために行います。いわゆる空打ちのようなものです。この点，リークが起こると環境が一変してしまいます。

　アルミのエッチングも化学的なエッチングになるので状況はシリコンエッチングと同様ですが，水蒸気が入るとチャンバ内の塩素雰囲気と反応してアルミ

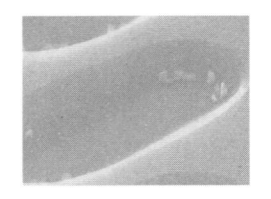

図12.12　ポリシリコン残渣　　　　　図12.13　ライン上の残渣

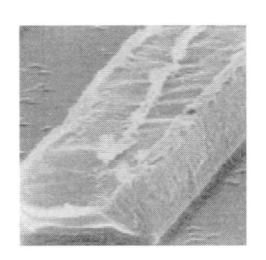

コロージョンが発生します。これは錆の一種なので配線が切れてしまいます。その他リークで一般的に言えることは，残渣（**図 12.13**）の発生，次工程の洗浄においてレジストの剥離が困難になるなどです。

第13章
インプランテーション装置とプロセス

1 インプランテーション装置の働き

　インプランテーションは不純物注入とも呼ばれます。基板のシリコンへ不純物をイオンの形で打ち込み，p型半導体やn型半導体を作ります。トランジスタの形成の鍵となる技術です。図13.1はトランジスタ周辺のp, n拡散層を示しています。
　MOSトランジスタにはp型，n型がありますが，それぞれに多種のトランジスタが混在していて，インプラの回数はデバイスを追うごとに増加の一途で

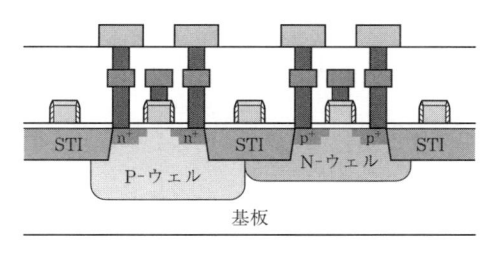

図13.1　トランジスタ周辺のp，n拡散層

す。装置の概要は図1.10（22頁）に示すように，質量分析器を中心にして組まれていて，引き出し電極をもったイオンチャンバと加速管，プロセスチャンバから成り立っています。

イオンチャンバでは，ガスまたは固体ソースをアーク放電でイオン化させます。ガスの種類としては，PH_3 や AsH_3 が n 型用の不純物で，BF_3，BCl_3 などが p 型用の不純物です。

ガス以外のソースでは，As_2O_3（固体）や $POCl_3$（液体），BBr_3（液体），BN（固体）などがあります。

半導体では，ETCH，CVD ではグロー放電によるプラズマを利用しています。こちらは蛍光灯のようなものでイオン化率は低いものです。

一方，インプラの放電はアーク放電で，強プラズマです。よく見る例では，工事現場などでのアーク溶接や切断に用いられていて，高エネルギーです。イオンの数が欲しいので弱電離では効率が悪く，したがってアーク放電を使ってイオン化率を上げています。この部分は1000℃以上の高温になるので一般の金属は使えず，モリブデン（Mo）やタングステン（W）の高融点金属でチャンバを作っています。ベース圧力は 10^{-5}Pa（10^{-7}Torr）で超高真空の部類に入るので，ターボ分子ポンプやクライオポンプで排気されます。

2 イオンの選択

イオン化されたさまざまな物質は引き出し電極によって加速され，質量分析器に飛び込みます。ここで希望のイオンを選別するわけですが，それには磁場偏向型質量分析器を用いています。質量分析器には他に，静電偏向型や組み合わせ型もありますが，これは装置をコンパクトに仕上げるためです。イオンは種類により自ら持っている電荷 Q とその質量 m の比が決まっています。AMU（Atomic Mass Unit）と言いますが，原子の質量単位で，簡単に言うと重さで

す。p 型半導体を作る B^+ は 11，BF_2^+ は 49，n 型半導体用の P は 31，As は 75 です。

$$\frac{Q}{m} = イオン種類で一定$$

　これを利用し，質量分析器の磁場の強さを変えて希望のイオンを選択します。希望のイオン質量数の近くにいろいろなイオンが存在しているので，分解能が悪いと希望のイオンを選択できず，別のイオンを打ち込んでしまう確立が多くなります。これをエネルギーコンタミネーション（別物質による汚染の概念）と言います。また，真空度が悪いとエネルギーコンタミネーションを起こしやすくなります。しかし高真空にすれば良いとは限りません。イオンビームはプラスに帯電した束なので，お互い反発して広がってしまいます。一方で，残留ガスが解離してこの束をくっ付け，接着剤のような働きもしています。

3 イオンの打ち込み

　質量分析器で希望のイオンを選択したら，次に加速管で加速します。イオンに運動エネルギーを与えてシリコンに打ち込むためです。トランジスタ形成にはいろいろな深さの p，n 層（拡散層という）が必要です。高エネルギーから中エネルギーを経て低エネルギーまであり，いろいろな深さでイオンを打ち込めるようにしていますが，1 台の装置ですべてはカバーできないので，専用の装置を使うことになります。

　エネルギーはキロエレクトロンボルト（keV）という単位で表します。メガエレクトロンボルト（MeV）クラスもあります。またどのくらいの不純物を打ち込むかはドーズ量という単位で表します。$1 cm^2$ あたりの不純物イオンの個数です。2 次元の単位である点に注意してください。また濃度の方は，cm^3 あたりの不純物個数になります。

第13章　インプランテーション装置とプロセス

　図13.3は一例です。MOSトランジスタのゲート閾値電圧調整用のインプラで，シリコン面へBF_2^{2+}イオンを加速電圧140 keVで打ち込んでいます。チャネルができる重要な所なので，制御性よく深さを決めます。ドーズ量をたとえば2E12台にして，$2×10$の12乗個のイオンを打ち込むとします。次に角度はシリコン面に対して少し傾け，7°で打ち込みます（注入角という）。これはチャネリング対策のためです。

　インプラの優位点は，打ち込み深さもドーズ量も制御性よく行える点です。したがってシステムLSIに代表されるような，デバイス中で多数種のトランジスタ形成に適しています。インプラプロセス自体は完全物理的なので，計算でシミュレーションできます。ドーズ量の測定は自動で行われ，ファラデーカップという検出器を使います。ファラデーカップのデザインはさまざまですが，電極中にイオンビームを捉えて電流を計測し，逆算でイオン個数をカウントしています（電流—アボガドロ数より計算）。

　チャネリングとは，シリコン中に入ったイオンが思いのほか深くまで打ち込まれてしまう現象を言います。濃度分布が2山分布になってしまいコントロールできません。シリコンはダイヤモンド構造をしているので，2次元モデルでは図13.4のようになります。イオンが適当にシリコン原子に当たってくれれば，打ち込まれた不純物の拡散は正規分布に近くなります。

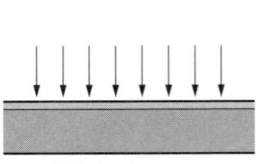

Vt調整インプラ
BF_2^{2+} 140keV, 2E12, 7°

図13.3　イオン打込制御

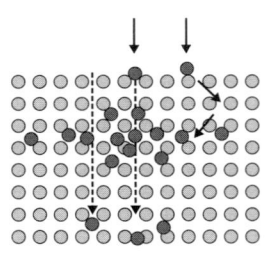

図13.4　チャネリングのイメージ

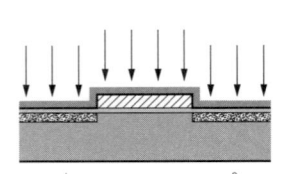

As^+, 40keV, 2E15, 0°

図13.5　S/Dインプラ

ところが，シリコン原子間に打ち込まれたものは格子の隙間に入り込み，意外と深くまで潜り込んでしまいます。ちょうど壁に釘を打って写真でも掛けようとする時，裏側に木材がある場合は釘がすぐ止まりますが，木材と木材の間では釘は止まらずスッと入ってしまうのに似ています。これを防止するため7°という角度を付けて打ち込みます。斜めから打ち込めばシリコン原子に当たる確立が増すという理屈です。計算でも7°が最適角であることがわかっています。

　インプラには角度を付けず垂直に打ち込むこともあります。MOSトランジスタのソース，ドレイン形成などがあります。図13.5はゲート電極をマスクとしてインプラを行っている様子ですが，レジストマスクなどを必要とせず，ゲートの両脇に自動的にソース，ドレインが形成されるので，セルフアライン（自己整合）プロセスと呼んでいます。この場合は対称なソースドレインにしなければいけないので，角度0°で打ち込みます。

　ではチャネリングはどのように防ぐかですが，インプラする前に10 nm程度のSiO_2膜を付けておきます。SiO_2は非結晶質（アモルファス）なのでシリコン基板のように規則正しく原子が並んでいません。不純物イオンはこのSiO_2を通過する際に適当にばらけてくれます。装置の多くは注入角が可変です。また一般にはシリコン面へ直接不純物を打ち込むことはしません。

金属汚染

　イオンインプラでは金属汚染が問題となる場合があります。もしインプラ装置が金属を運んできたら，デバイスはたちまち汚染されてしまいます。したがって，シリコン面に保護膜を付けてから打ち込みます。後でクリーン工程で汚染物質を取り除きます。ソース，ドレイン形成インプラではチャネリング防止と汚染対策で酸化膜（SiO_2）を付けています。以前経験したことですが，加速管の中にあるネジの先が目に見えないくらい出ていて，イオンビームがネジの金属を運び汚染事故を起こしました。でき上がってくる製品のPN接合耐圧が

低く，すべてリーク電流で不良になりました。金属汚染の典型的な例ですが，シリコン面を直接扱うプロセスの怖さを今でも記憶しています。装置的にもウエハ周辺の機械部品はシリコンコーティングされるなどの対策も取られています。

4 熱工程

インプラは物理現象であり，重いイオンを無理矢理打ち込んでいるのでシリコンの原子配列を壊してしまいます。インプラ後のシリコンはぐちゃぐちゃになっていると考えてください。このままでは結晶欠陥となりトランジスタがうまく動作しません。また打ち込まれた不純物はシリコン原子間にとどまっていて，このままでは電気的に何の働きもしません。不純物はシリコン原子と共有結合をしてはじめて p 型や n 型半導体となります。

したがってインプラ後は，結晶性の回復と n 型，p 型半導体を作る目的で熱をかけます。900℃ 程度で加熱すると結晶がもとのように回復し，また不純物とシリコン原子が結合します。結晶性回復の方は焼きなましという意味で，アニール，共有結合させる方を活性化（アクティベーション）または拡散と言います。しかし両者は兼ねて行われることが多いようです（図 13.6）。

不純物は熱工程によってシリコン中を拡散していき，シリコン原子と結合していきます。拡散はトランジスタなどのデバイス特性を決める重要な要素なので，拡散の形状（プロファイル）も重要です。こうしてできた領域を特に拡散層と呼んだりします。

P 型拡散層と n 型拡散層が隣り合ってダイオードを作り，ダイオードが隣り合ってトランジスタを作ります。したがって，デバイス中には多くの拡散層がある一定の濃度とプロファイルをもって存在することになります。熱をかけて不純物がシリコン中を拡散していく姿はちょうど，水槽の水の中にインクを落

不純物打ち込み直後

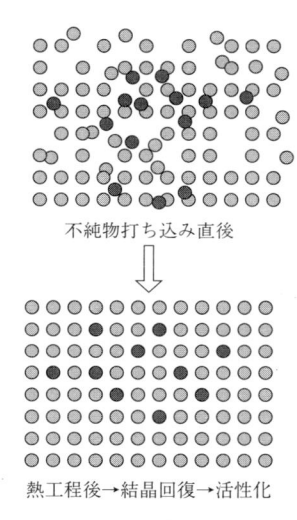

熱工程後→結晶回復→活性化

図13.6　インプラ後の熱工程

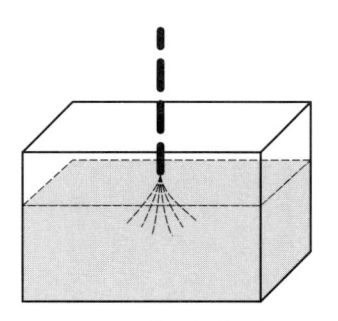

図13.7　不純物拡散の様子

として広がっていくようなものです。インクは薄くなりながら水中を拡散していき，そのプロファイルも変わっていきます。水よりも温水の方が，温水より熱水の方が早く拡散しますが，シリコン中の不純物も同じことです（**図 13.7**）。

打ち込まれた不純物はその後，熱工程を経るごとに薄くなり，プロファイル

を変えながらシリコン中を拡散していきます。ここ数年デバイスは複雑化し、数多くのトランジスタをシリコン中へ作り込むので、拡散濃度とプロファイルをコントロールすることは次第に困難になってきています。サーマルバジェットと言いますが、熱履歴がデバイス特性に影響するのはこのため、低温化が叫ばれる要因の一つです。

5 インプランテーション装置の種類

　インプラはプロセスの要求によりさまざまなものが開発されてきましたが、大きく分けると、エネルギー的には低加速（低エネルギー）インプラと高加速（高エネルギー）型に、電流的には中電流と高電流型に分けられます。
　低加速型は微細化に伴い、浅い接合（Shallow Junction）（浅い拡散層と読み替えても良い）を作るためのものです。1桁台のキロエレクトロンボルト（keV）は装置的に作るのが難しいのですが、トランジスタの縦方向の微細化のために必要です。高加速型はメガエレクトロンボルト（MeV）級で、レトログレードウェル形成などに対応しています。大電流型は濃い拡散層形成用で、ソース、ドレインがあります。ここは電極になる部分なので低抵抗にしなくてはなりません。また浅い接合も同時に要求されます。**表13.1**に、よく使われるインプラ工程名とドーズ量、エネルギーを示したので参考にしてください。
　低加速かつ大電流装置は難しい技術です。イオンはプラスに帯電していて、これが束になってビームを形成しています。したがってお互い反発して広がってしまいます。高加速型なら反発して広がる前に加速されるので電流が多く取れます。低加速ではゆっくり加速するのでウエハに到達する前に広がってしまい、電流が取り出せません。装置のデザインは引き出し電極を工夫したり、一度加速させてから減速させるなどの技術で、低加速かつ大電流を実現させています。

表 13.1　インプラプロセス例

工程名	イオン種	ドーズ量	エネルギー	拡散深さ
チャネルドープ	B^+　P^+　As^+	$\sim 10^{12}$	$20 \sim 150$ keV	浅い拡散層
ソース・ドレイン	B^+　P^+　As^+	$10^{15 \sim 16}$	$2 \sim 150$ keV	浅い拡散層
ウェル	B^+　P^+	$10^{12 \sim 13}$	$70 \sim 200$ keV	
パンチスルー防止	B^+　P^+	$\sim 10^{12}$	$120 \sim 300$ keV	深い拡散層
チャネルストップ	B^+　P^+	$10^{12 \sim 13}$	$50 \sim 180$ keV	
SOI	O^+	$10^{17 \sim 19}$	150 keV	最も深い拡散層

6　問題点

　インプラの問題としてチャージアップダメージがあります。プラスに帯電したイオンによってMOSトランジスタなどの薄い酸化膜（ゲート酸化膜など）が静電破壊を起こす現象です。

　対策としては、エレクトロンシャワーという装置が付属していてフィラメントに電流を流し、飛び出した熱電子を金属板に当て、そこで発生した2次電子をビームと同時にウエハへ照射するというものです。万能ではないのですが特効薬です。

　ほかにビーム径を広げる、回転スピードを上げるなどがあります。インプラの打ち込みでは均一性を確保するためにビームを平均してウエハに照射しなくてはなりません。中電流装置では、静電スキャンといってX方向、Y方向の偏向板への電圧を変化させてビームを振らせ、照射します。大電流装置では、ビームは固定で、ウエハを台座に固定し回転させます。

　いずれにせよインプラのビームスキャンは一筆書きです。近年ではマイクロユニフォーミティということも話題にのぼります。一筆書きなのでビームが通

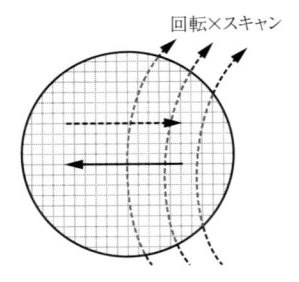

第13章　インプランテーション装置とプロセス

図 13.8 マイクロユニフォーミティ 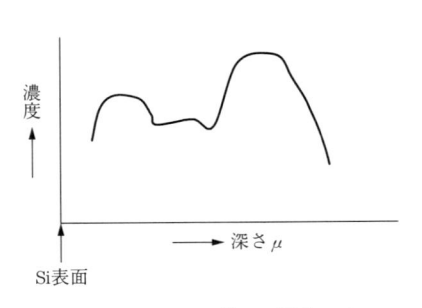　　**図 13.9** レトログレードウェル

った所は濃度が濃くなり，ビームと次のビームの間は谷間になって濃度が薄くなってしまうという現象です。以前は問題とならなかったものが，トランジスタなどの微細化で顕著になってきました（**図 13.8**）。熱拡散で均一にはなりますが，将来は問題となるかも知れません。

　図 13.9 はレトログレードウェルという，シリコン面から深さ方向に3段にプロファイルを持ったウェルです。パンチスルー，ラッチアップ，ホットキャリア対策に効果のある構造です。インプラでのみ可能な制御技術ですが，このように拡散濃度とプロファイルコントロールは需要な役割を果たしています。

第14章

プロセス管理・検査測定装置

　半導体プロセス管理ではインサイチューモニタの考え方の下で装置に分析装置を組み込み，いち早く異常を見付けてフィードバックする手法が取り入れられています。現在のデバイス生産は多品種少量生産体制が多く，1回限りのロットなどもあります。一つの工程異常が納期遅れを生じさせるので，管理体制を整えておく必要があります。ここではいくつかを紹介します。

1 パーティクルインサイチューモニタ

　図 14.1 はロボット搬送不良などの突発的なパーティクル発生をキャッチするため真空配管にレーザを使ったパーティクルセンサを取り付けて監視するシステムです。集中管理されアラームを出したり，装置を止めたりします。ログとして記録されるので後から解析できます。

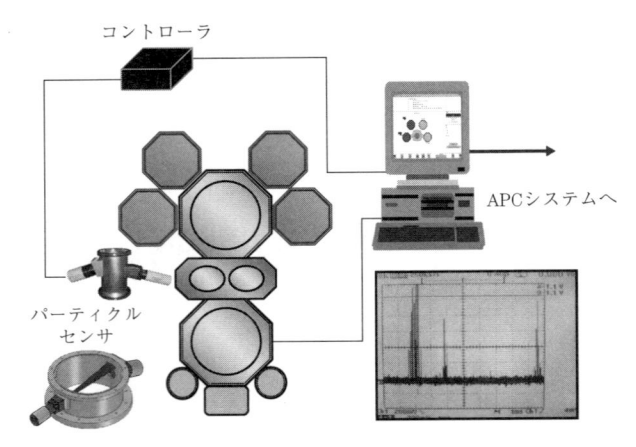

図 14.1　パーティクルインサイチューモニタ（インフィコン社提供）

2 RGA

　RGA（Residual Gas Analyzer）残留ガス分析器（**図 14.2**）は，チャンバ中で発生するさまざまなガスを分析してプロセスを管理するものです。中心となるものは 4 極子マスフィルタ（**図 14.3**）という分析器です。

　イオン源でガスをイオン化し，ビーム状に引き出します。4 重極マスフィルタの 4 本の電極に直流（DC）と高周波電界（RF）を同時に加えます。この時，DC/RF 比を変えるとイオンの種類によって非安定振動や安定振動を起こすものがあり，非安定振動は発散してしまい，安定振動のみイオンコレクタへ到達できます。磁場が必要ないので小型化できます。

　RGA をチャンバに取り付けておくとさまざまなプロセスのモニタに使用できます。インフィコン社から Fab Guard という商品名で，RGA やパーティクルセンサをセットにしシステム化したものが出ています（**図 14.4**）。

2. RGA

イオン源　　　4重極マスフィルタ　　　イオンコレクタ

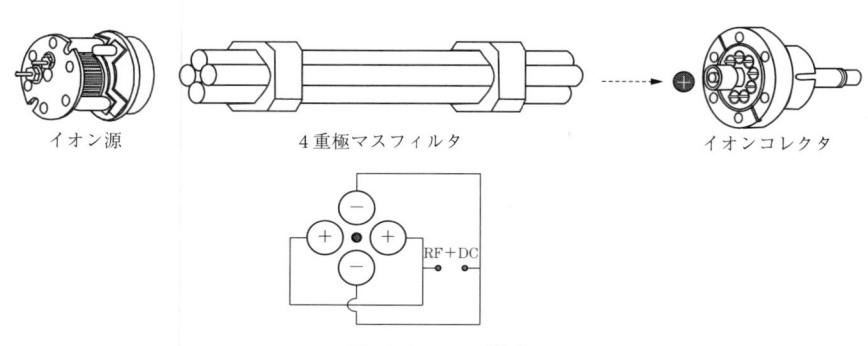

図 14.2　RGA 構成

図 14.3　4 重極マスフィルタ

　管理項目は RF パワー，ガス流量，圧力，クライオポンプ温度，バルブ開度など時系列で多肢にわたります。これに RGA の全センサからの分析結果などが，やはりリアルタイムで記録されます。
　異常が発生するとアラームを出したり装置を止めたりするのはもちろんですが，原因究明のためのツールもあり，統計解析プログラムも使えるようになっています。

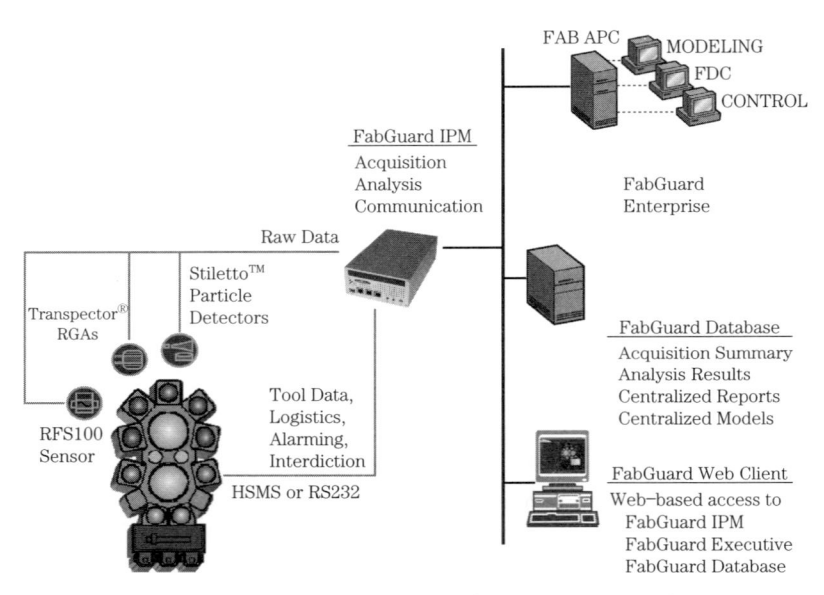

第14章 プロセス管理・検査測定装置

図14.4 インラインモニタツール（インフィコン社提供）

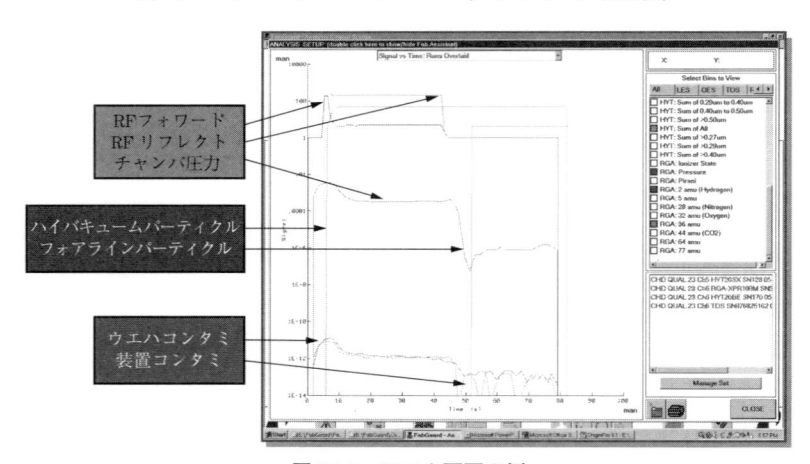

図14.5 モニタ画面の例

参考文献

1) K. Nakayama, H. Honjo, Jpn. J. Appl. Phys. Suppl. 2 Pt. 1, 113, 1974
2) J. A. Thornton, J. Vac. Sci. Technol. 11666, 1974
3) 中山勝矢, 『Q&A 真空50問』, 共立出版, 1982
4) 麻蒔立男, 『真空のはなし第2版』, 日刊工業新聞社, 1991
5) 中山勝矢, 『真空技術実務読本』, オーム社, 1967
6) 堀越源一, 『真空技術第2版』, 東京大学出版会, 1983
7) 日本真空技術株式会社, 『真空ハンドブック』, オーム社, 1992
8) 草野英二, 『はじめての薄膜作製技術』, 工業調査会, 2006
9) 飯島徹穂, 近藤信一, 青山隆司, 『はじめてのプラズマ技術』, 工業調査会, 1999
10) 国立天文台, 『理科年表』, 丸善, 2006

資料提供・取材協力

・インフィコン株式会社　横浜市港北区新横浜 2-2-8 NARA ビル II 5 F　045-471-3328
・株式会社堀場エステック　東京都千代田区東神田 1-7-8　03-3864-1077
・株式会社大阪真空機器製作所　大阪市中央区北浜 3-5-29　06-6203-3981
・日本エリコンライボルト株式会社　横浜市港北区新横浜 3-23-3　045-471-3330
・エス・ケイ・ケイ・バキュームエンジニアリング株式会社　横浜市保土ヶ谷区岩井町 1-7
　045-333-7024

索 引

あ，ア

アクティベーション ……………………… 205
浅い拡散層 ………………………………… 157
圧縮機 ………………………………………… 52
圧縮比 ………………………………………… 59
アドヒジョンレイヤー …………………… 172
アニール …………………………………… 153
アフターコロージョン …………………… 194
アフタートリートメント ………………… 195
アプリケータ ……………………………… 166
アモルファス ……………………………… 153
荒引きポンプ …………………………… 14, 52
アロイ化 …………………………………… 155
アンチリフレクションレイヤー ………… 173
イオンゲージ …………………………… 15, 83
イオンコレクタ …………………………… 93
イオンシース ……………………………… 167
イオンチャンバ …………………………… 200
移動度 ……………………………………… 167
異方性エッチング ………………………… 190
インサイチューモニタ …………………… 209
インナーリーク …………………………… 137
インプラ ……………………………………… 21
インラインモニタ …………………………… 12
ウェットポンプ …………………………… 52
エアオペバルブ …………………………… 118
エネルギーコンタミネーション …………… 17
エラストマー ………………………………… 99
エレクトロマイグレーション …………… 155
エレクトロンシャワー …………………… 207

エロージョン ……………………………… 176
オイルロータリーポンプ ……………… 19, 52
応答時間 …………………………………… 141
押し込み拡散 ……………………………… 151

か，カ

回転翼形 …………………………………… 53
拡散係数 D ………………………………… 156
拡散ポンプ ………………………………… 52
ガスケット ………………………………… 129
仮想リーク ………………………………… 135
加速管 ……………………………………… 23
活性化 ……………………………………… 205
活性種 ……………………………………… 19
可動イオン ………………………………… 16
気体定数 …………………………………… 39
気体の状態方程式 ………………………… 39
逆止弁 ……………………………………… 119
キャパシタンスマノメータ ……………… 15
キャビティ ………………………………… 164
供給律則 …………………………………… 185
共振器 ……………………………………… 164
共有結合 …………………………………… 204
キロエレクトロンボルト ………………… 201
金属汚染 …………………………………… 156
クイックカップリング …………………… 106
クヌーセン …………………………………… 30
クライオソープション …………………… 68
クライオトラッピング …………………… 67
クライオポンプ …………………………… 66
クラスターツール …………………………… 11

グランド……………………………… 129	焼結………………………………… 175
クリスタルディフェクト…………… 154	シリサイド………………………… 154
クロー………………………………… 60	真空シール………………………… 99
クロスオーバー圧力………………… 74	シンター…………………………… 155
ゲーテ式……………………………… 53	スウェージロック………………… 128
ゲート酸化膜………………………… 21	スクラバー………………………… 14
ゲッター剤………………………… 155	スクロール方式…………………… 62
ケミカルドライエッチ…………… 164	ステータ…………………………… 62
高温アルミ………………………… 178	ステップカバレッジ……………… 175
工業周波数………………………… 162	ストップ膜………………………… 189
高密度プラズマ…………………… 185	ストレスマイグレーション……… 155
高融点金属………………………… 182	スパッタ…………………………… 169
コールドヘッド……………………… 68	スパッタイオンポンプ…………… 77
固定翼………………………………… 62	スパッタエッチ…………………… 192
コロージョン……………………… 194	スリップ転移……………………… 157
コンダクタンス S ………………… 37	整合器……………………………… 160
コンバージョンファクタ………… 123	静電チャック……………………… 187
コンフラットフランジ…………… 108	セカンドステージ………………… 68
コンベクトロン………………… 15, 81	絶縁耐力…………………………… 21
	セルフアライン…………………… 203
	選択比……………………………… 189

■■■■■■■■■■■■ さ，サ ■■■■■■■■■■■■

■■■■■■■■■■■■ た，タ ■■■■■■■■■■■■

サーマルオキサイド…………… 21, 151	ダークスペース…………………… 168
サーマルバジェット………………… 22	ターゲット…………………… 20, 169
サーマルラジエーションシールド… 68	ターゲット膜……………………… 189
サーミスタ…………………………… 81	ターボ分子ポンプ…………… 13, 19
サイクロトン運動………………… 170	ターミネーション………………… 156
残渣………………………………… 195	ダイヤフラム……………………… 81
残留ガス分析器…………………… 210	ダイヤフラムバルブ……………… 118
シース……………………………… 166	ダウンフロー……………………… 127
シードレイヤー…………………… 177	脱ガス……………………………… 96
シールテープ……………………… 103	ダミーラン………………………… 196
磁気シール………………………… 114	溜め込み型………………………… 66
自己整合…………………………… 203	段差被覆性………………………… 175
自然酸化膜…………………… 21, 170	断熱膨張…………………………… 27
磁場偏向型質量分析器……………… 23	
シャロージャンクション………… 157	

蓄熱器 …………………………… 70
窒素パージ ……………………… 55
チムニー ………………………… 76
チャージアップダメージ ……… 207
チャネリング …………………… 202
チャンバ汚染 …………………… 62
中間流 …………………………… 28
チューナ ………………………… 160
定圧法 …………………………… 45
低温でプロセス ………………… 162
ディファレンシャルシール …… 112
ディプス型 ……………………… 132
ディフュージョン ……………… 52
テーパエッチ …………………… 193
デガス …………………………… 56
到達真空度 ……………………… 47, 54
ドーズ量 ………………………… 202
ドライエッチ …………………… 160
ドライブインディフュージョン … 151
ドライポンプ …………………… 19, 52
トランスファチャンバ ………… 14
トリチェリ ……………………… 25

━━━━━━━ な，ナ ━━━━━━━

ナイフエッジ …………………… 108
内部リーク ……………………… 137
ニードルバルブ ………………… 119
ヌードゲージ …………………… 91
熱 CVD …………………………… 12
熱エネルギー …………………… 37
熱酸化膜 ………………………… 21
熱酸化膜成長 …………………… 151
熱電子 …………………………… 92
熱伝導ゲージ …………………… 86
熱履歴 …………………………… 22
粘性流 …………………………… 27

濃度 ……………………………… 201

━━━━━━━ は，ハ ━━━━━━━

パーティクル …………………… 14, 30
バイアス ………………………… 167
排気速度 ………………………… 37
ハイデンシティプラズマ ……… 185
バイトン ………………………… 100
バイパス ………………………… 121
パスカル ………………………… 26
バッキングポンプ ……………… 78
バックストリーム ……………… 30
バックディフュージョン ……… 34
バッジ式 ………………………… 12
バッフル ………………………… 76
バリア層 ………………………… 153
反射防止膜 ……………………… 173
パンチスルー …………………… 208
反応律則 ………………………… 185
ピーエスアイ …………………… 26
ビート部 ………………………… 129
引き伸ばし拡散 ………………… 151
表面反応 ………………………… 181
ピラニー ………………………… 15, 81
ビルドアップテスト …………… 135
ピンチオフ ……………………… 177
ファーストステージ …………… 68
ファーネス ……………………… 18
ファラデーカップ ……………… 202
フード法 ………………………… 140
フェルル ………………………… 128
フォアライン …………………… 14
フォアラインバルブ …………… 117
フォンプリンオイル …………… 56
複合ゲージ ……………………… 90
副生成物 ………………………… 55

索引

不純物 ································ 21
不純物活性化 ························ 151
フッ素ゴム ··························· 100
プラズマ ····························· 158
プラズマドライエッチ ············· 160
フラッシング ························· 96
ブルドン管 ···························· 81
プレクリーンチャンバ ············· 171
プローブガス ························· 97
ブロッキングキャパシタ ··········· 167
ブロッキングメカニズム ··········· 191
プロファイル ························ 205
分子流 ································ 27
平均自由行程 λ ······················ 29
ヘクト ································ 26
ペディスタル ························· 13
ペニングゲージ ······················ 94
ペニング放電 ························· 77
ヘリウムチャック ···················· 16
ベローズ ····························· 113
ベローズバルブ ····················· 118
ベントスクリュー ·················· 136
ボイド ······························· 177
ボイルシャルの法則 ················· 27
補助ポンプ ··························· 56
ホットキャリア ····················· 208
ボディ ······························· 128

■■■■■■■■■■ ま，マ ■■■■■■■■■■

マイクロユニフォーミティ ········ 207
マイクロローディング効果 ········ 195
毎葉式 ································ 11
マグネタイト ························ 114
マグネトロンスパッタ ············· 170
マスフローコントローラ ············ 14
マルチモード ························ 164

ミリバール ··························· 26
ミルキー ····························· 175
無酸素銅 ····························· 108
メガエレクトロンボルト ··········· 201
メカニカルブースターポンプ ······· 19
メンブレン型 ························ 132
モビリティ ··························· 167

■■■■■■■■■■ や，ヤ ■■■■■■■■■■

焼きなまし ··························· 153
油回転ポンプ ························· 52

■■■■■■■■■■ ら，ラ ■■■■■■■■■■

ラジカル ······················· 19, 160
ラッチアップ ························ 208
ラピッドサーマルプロセス ········· 22
ラフィングポンプ ···················· 52
乱流 ·································· 35
リーク ································ 44
リークアップテスト ················ 135
リークディテクタ ············· 97, 135
リークバックテスト ················ 135
リカバリータイム ···················· 71
リジェネレータ ······················ 70
リテイナーリング ·················· 129
リフラクトリーメタル ············· 182
リフロー ····························· 154
リモートプラズマ ·················· 164
流量 Q ····························· 37
臨界背圧 ····························· 56
ルーツポンプ ························· 56
冷却トラップ ························· 76
レイノルズ数 ························· 35
レトログレードウェル ············· 206
ロータ ································ 62

ロードロック … 12	LOCOS 素子分離 … 152
ローブ形 … 60	LP-CVD … 19
ロングスロースパッタ … 177	MCVD … 182
	Mean Free Path … 29

わ，ワ

ワームホーム … 171

数字，欧文

15 K アレー … 71	Metal CVD … 182
80 K アレー … 68	MFP … 29
AMU … 200	MOS トランジスタ … 16, 21
Anneal … 153	Native Oxide … 21, 170
BPSG … 154	Pa … 26
C. F … 123	PD 値 … 31
CDE … 164	PECVD … 182
Conflat … 108	Physical Vapor deposition … 169
CVD … 17	Plasma Enhanced CVD … 182
DCVD … 182	P-Q 曲線 … 55
Dielectric CVD … 182	P-S 曲線 … 55
D スクリュー … 136	psi … 26
ECR … 164	PVD … 17, 169
Electron Cyclotron Resonance … 164	Rapid Thermal Process … 151
FEOL … 18	Reactive Ion Etching … 192
FTP … 151	Residual Gas Analyzer … 210
Furnace Thermal Process … 151	RF バイアス … 168
H_2 アニール … 155	RGA … 210
HDP … 185	RIE … 192
IMP … 163	RTP … 22, 151
Ion Metal Plating … 163	sccm … 40
ISM … 162	Sinter … 155
Isotropic Etch … 190	TC … 81
KF フィッティング … 106	TEOS … 121
KF フランジ … 106	Unisotropic Etch … 190
	VCO … 128
	VCR … 128
	VF 形 … 108
	VG 形 … 108
	λ … 29
	τ … 141

【著者紹介】

宇津木　勝（うつぎ　まさる）

茨城県生まれ。
1981年日本テキサスインスツルメンツ（株）入社。美浦工場生産技術部を経てULSI技術開発部へ。USダラス本社プロセスオートメーションセンターにて装置プロセス開発に従事。美浦工場にて装置開発に従事後プロセス担当。DRAM・ロジックデバイスの開発に従事。専門はメタリゼーション・インテグレーションエンジニアリング。
1996年アプライドマテリアルズジャパン（株）入社，成田テクノロジーセンター勤務。カスタマーサポートおよび社内外の技術教育に従事。
2001年同社退職後（有）寺子屋みほ設立，取締役就任。半導体関連の技術教育およびコンサルタント業務に従事。現場に即したわかりやすい教育講座を提供。

有限会社　寺子屋みほ
Tel：029-895-4255　　Fax：029-895-4883
E-mail：terakoyamiho@ac.auone-net.jp

【ポイント解説】
半導体真空技術

2011年5月20日　第1版1刷発行　　　　　ISBN 978-4-501-41890-8 C3053

著　者　宇津木　勝
　　　　Ⓒ Utsugi Masaru 2011

発行所　学校法人　東京電機大学　　〒101-8457　東京都千代田区神田錦町2-2
　　　　東京電機大学出版局　　　　Tel. 03-5280-3433（営業）03-5280-3422（編集）
　　　　　　　　　　　　　　　　　Fax. 03-5280-3563　振替口座 00160-5-71715
　　　　　　　　　　　　　　　　　http://www.tdupress.jp/

JCOPY ＜(社)出版者著作権管理機構　委託出版物＞
本書の全部または一部を無断で複写複製（コピーおよび電子化を含む）することは，著作権法上での例外を除いて禁じられています。本書からの複写を希望される場合は，そのつど事前に，(社)出版者著作権管理機構の許諾を得てください。また，本書を代行業者等の第三者に依頼してスキャンやデジタル化をすることはたとえ個人や家庭内での利用であっても，いっさい認められておりません。
［連絡先］Tel. 03-3513-6969，Fax. 03-3513-6979，E-mail：info@jcopy.or.jp

印刷：美研プリンティング(株)　　製本：渡辺製本(株)　　装丁：右澤康之
落丁・乱丁本はお取り替えいたします。　　　　　　　　　　Printed in Japan

本書は，(株)工業調査会から刊行されていた第1版1刷をもとに，著者との新たな出版契約により東京電機大学出版局から刊行されたものである。